U0257693

本书系上海社会科学院重要学术成果出版资助项目研究成果。

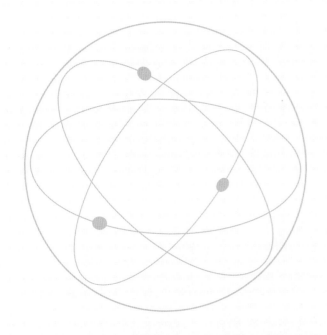

核能话语变迁

能语迁

科技、媒介与国家

THE TRANSFORMATION OF
NUCLEAR POWER DISCOURSE

TECHNOLOGY, MEDIA,
AND THE STATE

徐生权　著

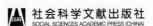

社会科学文献出版社
SOCIAL SCIENCES ACADEMIC PRESS (CHINA)

目　录

第一章 绪论

第一节 研究背景

历史上，从来没有一种能源像核能一样命途多舛。

1986 年苏联切尔诺贝利核电站事故的阴影还未完全散去，2011 年，日本地震引发的核泄漏又将全球复苏中的核能事业按下了暂停键。但是面对气候变化之下节能减碳的需求，以及基于能源供给安全的种种考量，不少国家还是放不下相对于火力发电和其他新能源发电而言"清洁"又"稳定"的核电。尤其是 2022 年爆发的俄乌冲突所引发的欧洲能源危机，让核能再度进入不少原本弃核的欧洲国家的视野。

截至 2020 年底，中国核电总装机容量为 4988 万千瓦，装机容量位列全球第三，2020 年核电发电量达到世界第二；新开工核电机组 11 台，装机容量 1260.4 万千瓦，在建机组数量和装机容量多年位居全球首位。[1] 不过就核能发电量占全国发电总量的比例而言，2019 年，中国的核能发电量约占全国累计发电量的 4.9%，而 2019 年度，全球核电占比超过 10% 的国家有 19 个，超过 25% 的国家有 12 个，超过 50% 的国家有 3 个，其中法国最高，为 70.6%。[2] 换言之，就核电量占全国发电总量的比例而言，中国还有很大的发展空间。

---

[1] 周超然、张明、石磊等：《中国核能发展与展望（2021）》，载张廷克、李闽榕、尹卫平等主编《核能发展蓝皮书：中国核能发展报告（2021）》，社会科学文献出版社，2021，第 2 页。

[2] 王茜、李林蔚、石磊等：《2020 年世界核能发展》，载张廷克、李闽榕、尹卫平等主编《核能发展蓝皮书：中国核能发展报告（2021）》，社会科学文献出版社，2021，第 193~194 页。

2021 年 9 月 21 日，习近平出席第七十六届联合国大会一般性辩论并宣布，"中国将力争 2030 年前实现碳达峰、2060 年前实现碳中和，这需要付出艰苦努力，但我们会全力以赴。中国将大力支持发展中国家能源绿色低碳发展，不再新建境外煤电项目"。① 在中国掷地有声地提出"双碳"目标之后，"清洁低碳"的核电也成了中国的能源选项之一，2022 年，国家发展改革委、国家能源局在《"十四五"现代能源体系规划》中指出，在确保安全的前提下，积极有序推动沿海核电项目建设，到 2025 年，核电运行装机容量达到 7000 万千瓦左右。② 中国科学院院士、中国科学院合肥物质科学研究院研究员吴宜灿指出，作为清洁低碳能源，核能的利用在减排方面优势显著，积极安全有序发展核电，不仅有助于解决我国能源对外依存度高等问题，还可助推"双碳"目标的实现。③

大力发展核电对于中国而言，还有另外一重意义，那就是它是中国当代科技实力的象征，是当之无愧的"国之重器"。中国的核能技术始于中华人民共和国成立初期对于原子弹的研制，诞生在一种极端困厄的环境之中，到中国真正建设核电站的时候，一些发达国家的核电站建设已经开始了近 30 年，中国第一座大型商用核电站——大亚湾核电站引进的便是法国的技术，而如今，"华龙一号""国和一号"等自主第三代核电机组完成了研发乃至商业运行，并实现了核电"走出去"，具有第四代核能系统特征的高温气冷堆实现了首次并网，中国的核能技术实现了从追赶到领跑的逆袭。

所以，核能对于一个国家而言，并不是一种单纯的能源技术那么简单。

最典型的如法国，科技史学者赫克特（Gabrielle Hecht）在其《法兰西之光：核能与二战后的国家认同》（*The Radiance of France：Nuclear Pow-*

---

① 习近平：《坚定信心 共克时艰 共建更加美好的世界——在第七十六届联合国大会一般性辩论上的讲话》，《人民日报》2021 年 9 月 22 日，第 2 版。

② 国家发展改革委、国家能源局：《"十四五"现代能源体系规划》，国家发展和改革委员会官网，2022 年 3 月 22 日，https://www.ndrc.gov.cn/xxgk/zcfb/ghwb/202203/t20220322_1320016.html？code=&state=123。

③ 吴宜灿：《创新应用 积极安全有序发展核电》，《人民日报》2022 年 7 月 14 日，第 8 版。

er and National Identity After World War II）一书中，将高技术的核能视为凝聚二战后法国国家认同的一项利器，因为拥有核能意味着法国可以洗刷二战时的耻辱，可以维持其世界强国的地位，对于法国而言，核能是"法兰西之光"，是对埃菲尔铁塔和凯旋门的现代继承，而后两者是 19 世纪法国技术进步和军事实力的象征。[①]

二战后，法国分别成立了原子能委员会（CEA）和法国电力公司（EDF），两者虽然都认为法国应当发展核能，但是对如何发展心思各异。原子能委员会认为，法国应当优先发展军事核能力，以恢复其世界强国的地位，因而在选择天然铀还是浓缩铀作为反应堆的燃料时，原子能委员会选择了天然铀，这是因为，一方面，原子能委员会认为，法国及其非洲殖民地（当时还未独立）有着充足的天然铀供应，在自己没有经济实力建设浓缩铀工厂的条件下，向美国购买浓缩铀与国家独立自主的目标相矛盾，另一方面，天然铀的裂变反应所产生的副产品是可用于生产原子弹的钚。最终，在 20 世纪 50 年代早期，原子能委员会选择了"以天然铀作为核燃料、石墨作为慢化剂、二氧化碳气体作为冷却剂的'气冷石墨反应堆'（gas-graphite reactors）"这一核能发展路线。这一发展路线也得到了当时法国总统戴高乐的支持。而法国电力公司虽然在发展核能这一目标上与原子能委员会是一致的，但是法国电力公司更在意的是在法国建立一个最低生产成本、最大供给的电力网络，以实现法国的能源独立，并且，全国统一电网的建立象征另一种意义上的法国统一。[②]

前文提到，原子能委员会建造核反应堆的一个重要目的是获取造原子弹的钚，但是以此为目的而设计的反应堆的发电效率低下且成本过高，这显然不是法国电力公司所期望的。因而，当 1960 年代美国在国际市场上兜售发电效率更高且成本更低的"轻水反应堆"时，法国电力公司更倾向于接受这一由美国提供的反应堆，但这遭到了"气冷石墨反应堆"派的抵

① Gabrielle Hecht, *The Radiance of France： Nuclear Power and National Identity After World War II* （Cambridge, MA： MIT Press, 2009）, p. 13.

② Gabrielle Hecht, "Technology, Politics, and National Identity in France," in Michael Thad Allen and Gabrielle Hecht eds., *Technologies of Power* （Cambridge, MA： The MIT Press, 2001）, pp. 259-265.

制，戴高乐也认为，"气冷石墨反应堆"对维护法国的独立和认同至关重要。

"轻水反应堆"的支持者们意识到，"气冷石墨反应堆"是一个凝聚了法国认同的核能体系，因而要想反对"气冷石墨反应堆"就必须打破这种技术与政治的强大联系，唯一方法就是在修辞上将核能的技术发展路线和政治分开，即让核能的技术归技术、政治归政治。在戴高乐下台之后，法国电力公司也最终在 1970 年代倒向了美国的技术路线。①

不过，法国的核能发展之路恰好说明，技术的发展路线不可能只是一种市场行为，或者，只能是一种修辞上的宣称。核能这样具有高冲击性后果的技术，更是与政治、经济和文化等因素纠缠在一起，它时刻处于这些力量的拉扯之中。换言之，具有骇人能量的核能在现实生活中不可避免地要接受政治、社会文化的形塑和话语"改造"，因而核能也是一种"传播形塑"或者经由"传播而达成"的社会现象，在现代社会中，它也是一种"话语的资源"（discursive resource），② 各种利益团体和论述主张在此议题上斗争竞逐，因而美国知名核能话语研究学者金塞拉（William J. Kinsella）等人也主张，核能最好被视为一种复杂的"社会—技术以及符号的系统"而并非一种"自足的科技"。③

而核能与其他高新科技最显著的区别就在于，核能的风险是超出常人的感知范畴的，这就更为话语的建构与形塑留下了空间。风险社会学者贝克（Ulrich Beck）指出，像核能这样的现代性风险在知识里往往可以被改变、夸大、转化或者削减。④ 斯洛维奇（Paul Slovic）也指出，风险实际上也是一种权力实践（an exercise in power），即谁在风险的相关事务中掌握

---

① Gabrielle Hecht, "Technology, Politics, and National Identity in France," in Michael Thad Allen and Gabrielle Hecht eds., *Technologies of Power* (Cambridge, MA: The MIT Press, 2001), pp. 266–287.

② William J. Kinsella, Dorothy Collins Andreas, and Danielle Endres, "Communicating Nuclear Power: A Programmatic Review," *Annals of the International Communication Association* 39 (2015): 277–309.

③ William J. Kinsella, Dorothy Collins Andreas, and Danielle Endres, "Communicating Nuclear Power: A Programmatic Review," Annals of the International Communication Association 39 (2015): 277–309.

④ 〔德〕乌尔里希·贝克：《风险社会》，何博闻译，译林出版社，2004，第 20 页。

着话语的权力，谁就更有可能定义风险的样貌、形态、大小等。[①]

如在英文中，使用过的反应堆燃料通常在核工业内部被称为"spent reactor fuel"或者"depleted reactor fuel"，中文一般译为"乏燃料"，但是批评人士指出，"spent"和"depleted"这两个修饰词使得相关的放射性危害被淡化了，事实上，"乏燃料"比未使用的燃料更危险，"官方术语往往低估了对核工作人员和社区构成的风险"。[②] 资料显示，"乏燃料"中包含大量的放射性元素，它们具有高放射性，半衰期长达数百万年，如果不被妥善处理，会严重影响环境安全与暴露人群的健康，但"乏燃料"的安全处置难度极大。在经历一系列的贮存或者处理环节之后，目前对于"乏燃料"或经过"后处理环节"产生的高放射物的主流处置方式也只是将它们埋在地质构造稳定的由人工所建造的地下存储库中。[③] 美国于1987年确定在内华达州的尤卡山建造美国第一座"乏燃料"处置库，但在内华达州民众和政府的抗议之下，该处置库的项目一直被搁浅。

总而言之，基于气候变化以及国家能源安全的考量，不少国家实际上是难以做到弃核的，核能始终是当下一种非常现实的能源选项，但是核能远非一种能源形式那么简单，它跟其他的高新技术一样，始终是与一个国家政治、经济和文化等因素纠缠在一起的，在当下，核问题又是国际关系斗争和平衡的焦点事务之一，而核能特有的"风险性"，也让核能始终处于一种话语的建构和形塑之中。核能在当下就像"房间里的大象"一样，需要被进一步来研究。

第二节　问题意识

自"语言转向"（lingustic turn）以来，大多数研究者已清楚地认识

---

① Paul Slovic, "Trust, Emotion, Sex, Politics, and Science: Surveying the Risk-Assessment Battlefield," *Risk Analysis* 19 (1999): 689-701.

② William J. Kinsella, Dorothy Collins Andreas, and Danielle Endres, "Communicating Nuclear Power: A Programmatic Review," *Annals of the International Communication Association* 39 (2015): 277-309.

③ 中国能源研究会：《走近核电》，中国科学技术出版社，2018，第71~91页。

到，语言并非现实世界的单纯再现，语言也在建构着现实、认同、主体等。霍尔（Stuart Hall）认为存在三种语言观，分别是反映论的、意向性的和构成主义的。① 反映论，顾名思义，是指语言如同镜子一般反映真实的意义，就好像意义在语言反映之前就已经存在了，但是假如没有语言在先的话，我们是在何种意义上讨论意义呢？意向性的语言观认为，词语的意思就是作者认为它们应当具有的意思，但是语言是社会化的，其意义必须是共享的，因而我们无法完全用私人的语言来交流。构成主义的语言观则认为，物自身和语言的个人使用者均不能确定语言的意义，事物自身没有意义，我们用语言赋予了其意义，"世上诸事物、我们的思想概念和语言之间存在一种复杂的中介关系"。②

福柯（Michel Foucault）则是进一步揭示了话语之于真实的建构作用。在福柯看来，"精神病是由所有陈述群中被说出来的东西的集合构成的，而所有陈述都会对精神病进行命名、划分、描述、解释，叙述它的发展，显示出它的各种各样的关联，对它进行判断"。③ 换言之，什么是"疯癫"、什么是"精神病"实际上是由陈述所规定的，"我们很快意识到这些话语中的每一种话语转而构成它自己的对象，而且对它施加影响，直到彻底改变它"。④ 实际上，所谓的"主体"亦然，在福柯那里，主体也是一种被话语所生产出来的东西，所以，并非主体生产话语，实际上是话语在生产"主体"。

另外，话语正是通过限定什么而排斥了与其相反的话语，从而生产出了"所以为是"的东西。正如霍尔所总结的，话语在福柯那里是构造了话题，即话语限定着一个话题能被有意义地谈论和追问的方法，由于限定，话语也"排除"、限制和约束了其他的言谈方式，以及与该话题有关的知

---

① 〔英〕斯图尔特·霍尔：《表征：文化表征与意指实践》，徐亮、陆兴华译，商务印书馆，2013，第 19 页。
② 〔英〕斯图尔特·霍尔：《表征：文化表征与意指实践》，徐亮、陆兴华译，商务印书馆，2013，第 51 页。
③ 〔法〕米歇尔·福柯：《知识考古学》，董树宝译，生活·读书·新知三联书店，2021，第 38 页。
④ 〔法〕米歇尔·福柯：《知识考古学》，董树宝译，生活·读书·新知三联书店，2021，第 39 页。

识以及社会实践。①

金塞拉指出，所谓核能话语也正是通过影响"谁是核话题讨论的权威，关于核话题可以讨论什么又不可以讨论什么，在什么样的设定之下才可以讨论"来达到对于核能的形塑，建构与核能相关的想象与认同。② 甚至在英文中有一个词语"nukespeak"（核言谈）来特指那些使用隐喻、委婉语、专业术语和缩略语来"中性"或积极地描述核概念的言谈。③

夏帕（Edward Schiappa）指出，在美国，"核言谈"经常使用的话语策略就是"家常化"（domestication）与"科层化"（bureaucratization），"家常化"策略指的是，使用一些日常用语来描述核能，使核能好像是日常用品，这样就可以达到将核能"驯化"的目的，使其更贴近人类日常，核能自诞生之初，就一直被"家常化"，如投在日本广岛和长崎的原子弹，被分别命名为"小男孩"和"胖子"。但是核能毕竟有一些面向是难以用"友好"的隐喻加以形塑的，那这时候就得使用"科层化"策略了，"科层化"策略是指使用只有专家和行业内部人士才懂的技术术语或者缩略语来讨论核能，这样就把普通民众排除在了讨论之外，而专家和行业内部人士就掌握了关于核能的绝对话语权，如中子弹不叫中子弹，而叫"增强型放射性武器"（radiation enhancement weapon），对于外行人来说，尚可理解中子弹，虽然可能对"中子"不甚了解，但是至少可以懂得中子弹是一种炸弹，但是"增强型放射性武器"就只能由专家来释义了，毕竟外行人根本不懂什么叫放射性武器，更无法理解增强型又意味着什么。④

换言之，掌握核话语的人总是试图淡化核能的风险特性，并且将核能"神秘化"，但是，正是因为无法加入核能的专业性讨论，普通民众只能用

---

① 〔英〕斯图尔特·霍尔：《表征：文化表征与意指实践》，徐亮、陆兴华译，商务印书馆，2013，第65页。

② William J. Kinsella, "One Hundred Years of Nuclear Discourse: Four Master Themes and Their Implications for Environmental Communication," in Susan L. Senecah ed., *The Environmental Communication Yearbook Volume* 2 (Mahwah, NJ: Lawrence Erlbaum, 2005), p. 52.

③ Edward Schiappa, "The Rhetoric of Nukespeak," *Communication Monographs* 56 (1989): 253-272.

④ Edward Schiappa, "The Rhetoric of Nukespeak," *Communication Monographs* 56 (1989): 253-272.

"魔鬼""炸弹""失控"等负面话语来形塑核能。正如福柯与霍尔所指出的，物体在话语赋予其意义之前虽然存在，但是没有任何意义，因而使用的话语将为我们建构关于事物的某一种想象。对于核能而言，在我们使用核能话语之前，它不是好的，也不是坏的，它是一个等待意义来"接合"的空白之物。而所谓的"接合"，就是一种赋予对象以意义的实践。拉克劳（Ernesto Laclau）与墨菲（Chantal Mouffe）指出，我们把任何建立要素之间关系的实践称为接合，这些要素的"身份"会因接合实践而发生改变，由接合实践产生的有结构的整体，我们称之为话语。① 在不同的接合实践之下，核能被赋予了各种认同与想象，形成了有关于核能的多样话语。因而，对核能进行话语分析的本质就是揭示话语本身对于核能的形塑与"改造"，以及背后隐藏的权力意志与利益之争。

而在现代社会所发生的话语改造中，媒介起着一个非常关键的作用。"媒介是批判性话语分析的一个特殊对象，因为它们显然在话语承载机制方面扮演了关键的角色。"② 在伯格（Peter L. Berger）和卢克曼（Thomas Luckmann）看来，人所居于的现实是由社会构建的，③ 库尔德利（Nick Couldry）和赫普（Andreas Hepp）则是进一步指出，现实是建构的，但更多是由媒介所建构的。④ 换言之，我们所理解的现实，并不是一种先验的，它是后天生成的，而媒介在这其中扮演重要角色。李普曼（Walter Lippmann）用"拟态环境"（pseudo-environment）这一术语来指涉媒介替我们所建构的那种虚拟环境。⑤

但是媒介往往不是镜像式地再现外部真实，它是有选择的、有加工的。因而，甘姆森（William A. Gamson）、克罗多（David Croteau）、霍恩

---

① 〔英〕恩斯特·拉克劳、〔英〕查特尔·墨菲：《领导权与社会主义的策略——走向激进民主政治》，尹树广、鉴传今译，黑龙江人民出版社，2003，第114页。

② 〔澳大利亚〕彼得·加勒特、〔新西兰〕艾伦·贝尔：《媒介与话语：一个批判性的概述》，载〔新西兰〕艾伦·贝尔、〔澳大利亚〕彼得·加勒特主编《媒介话语的进路》，徐桂权译，中国人民大学出版社，2016，第5页。

③ 〔美〕彼得·伯格、〔美〕托马斯·卢克曼：《现实的社会构建》，汪涌译，北京大学出版社，2009。

④ 〔英〕尼克·库尔德利、〔德〕安德烈亚斯·赫普：《现实的中介化建构》，刘泱育译，复旦大学出版社，2023。

⑤ 〔美〕沃尔特·李普曼：《舆论》，常江、肖寒译，北京大学出版社，2018，第14页。

斯（William Hoynes）与萨松（Theodore Sasson）指出，我们在透过媒介这一棱镜看世界时，要意识到，媒介并非中立的，而是隐含政治与经济的形塑力量。① 翁秀琪也指出，新闻语言从来不是价值中立的，在新闻记者看似中立的报道中，往往隐藏了太多的意识形态和权力关系，读者只有在充分掌握了"批判的语言警觉性"以后，才能洞视在文本中到处流窜的意识形态和权力关系。② 换言之，媒体从本质上说就不是中立的或者理性的社会事件协调者，而是帮助重构预先制定的意识形态，③ 透过媒介话语，规训得以实施，并形成了考克斯（Robert Cox）所称的主导话语（dominant discourse），所谓主导话语指的是"当一个话语在文化中获得了一个被广泛接受或理所当然的地位时，或当它的意义帮助某些行为合法化时，它就被视为主导话语"。④

对于"风险"的建构而言，媒介中的"风险"与实际发生的概率显然不是一一对应的，"空难死亡出现在头版的可能性是癌症死亡的 6000 倍，核事故受到的关注比吸烟导致死亡所受到的关注多得多"。⑤ 风险，与其说是一种客观的外部实在，不如说是一种中介后的感知。"风险的本质并不在于它正在发生，而在于它可能会发生。风险不仅仅在技术应用的过程中被产生出来，而且在赋予意义的过程中被生产出来，还会对潜在危害、危险和威胁的技术敏感而被生产出来。为此，我们不能把风险作为一种外在之物来观察——风险一定是建构的。"⑥ 而当我们的现实是由媒介建构之时，媒介如何建构风险就变得至关重要了。不同的媒介对于同一事物的风

---

① William A. Gamson, David Croteau, William Hoynes, and Theodore Sasson, "Media Images and the Social Construction of Reality," *Annual review of sociology* 18（1992）：373-393.

② 翁秀琪：《批判语言学、在地权力观和新闻文本分析：宋楚瑜辞官事件中李宋会的新闻分析》，《新闻学研究》1998 年第 57 期。

③ 〔荷〕托伊恩·A.梵·迪克：《作为话语的新闻》，曾庆香译，华夏出版社，2003，第 12 页。

④ 〔美〕罗伯特·考克斯：《假如自然不沉默：环境传播与公共领域》，纪莉译，北京大学出版社，2016，第 74 页。

⑤ 〔英〕艾玛·休斯、〔英〕詹尼·基青格、〔英〕格拉姆·默多克：《媒体与风险》，载〔英〕彼得·泰勒-顾柏、〔德〕詹斯·O.金主编《社会科学中的风险研究》，黄觉译，中国劳动社会保障出版社，2010，第 231 页。

⑥ 〔英〕芭芭拉·亚当、〔德〕约斯特·房·龙：《重新定位风险：对社会理论的挑战》，载〔英〕芭芭拉·亚当、〔德〕乌尔里希·贝克、〔德〕约斯特·房·龙主编《风险社会及其超越：社会理论的关键议题》，赵延东、马缨等译，北京出版社，2005，第 3 页。

险建构是不一样的。对于核能亦然，媒介使用什么样的话语形塑核能风险，实际上也是赋予了关于核能的特殊想象。因而，无论是从话语"接合"的揭示，还是从风险建构的角度，媒介话语始终是核能话语研究一个不可忽略的面向。

20 世纪 80 年代起，西方学术界就有了关于核能话语研究的相关著述，① 其中甘姆森与莫迪利亚尼（Andre Modigliani）对于核能的媒介话语与公共意见的研究更是成为框架分析的经典文献，② 至 21 世纪，核能话语依然是一个热度不衰的研究议题，尤其是在福岛核事故之后，出现了一波相关研究的小高潮，③ 2017 年，国际环境传播学会（The International Environmental Communication Association，IECA）的官方期刊《环境传播》（*Environmental Communication*）发出《核能的环境争议：媒介、传播与公众》的特刊征稿通知，核能话语议题赫然在列。不过，略显尴尬的是，关

---

① Dorothy Nelkin, and Michael Pollak, "Ideology as Strategy: The Discourse of the Anti-Nuclear Movement in France and Germany," *Science, Technology, & Human Values* 5 (1980): 3–13. Jeff Connor-Linton, "Author's Style and World-View in Nuclear Discourse: A Quantitative Analysis," *Multilingua-Journal of Cross-Cultural and Interlanguage Communication* 7 (1988): 95–132. Stuart Allan, "Talking Our Extinction to Death: Nuclear Discourse and the News Media," *Canadian Journal of Communication* 14 (1989): 17–36. John Corner, Kay Richardson, and Natalie Fenton, "Textualizing Risk: TV Discourse and the Issue of Nuclear Energy," *Media, Culture & Society* 12 (1990): 105–124.

② William A. Gamson, and Andre Modigliani, "Media Discourse and Public Opinion on Nuclear Power: A Constructionist Approach," *American journal of sociology* 95 (1989): 1–37.

③ William J. Kinsella, "One Hundred Years of Nuclear Discourse: Four Master Themes and Their Implications for Environmental Communication," in Susan L. Senecah ed., *The Environmental Communication Yearbook* (Volume 2) (Mahwah, NJ: Lawrence Erlbaum, 2005). Julie Doyle, "Acclimatizing Nuclear? Climate Change, Nuclear Power and the Reframing of Risk in the UK News Media," *International Communication Gazette* 73 (2011): 107–125. James W. Tollefson, "The Discursive Reproduction of Technoscience and Japanese National Identity in the Daily Yomiuri Coverage of the Fukushima Nuclear Disaster," *Discourse & Communication* 8 (2014): 299–317. Yelizaveta Mikhailovna Sharonova, and Dr. Devika Sharma, "Nuclear Power Discourse Analysis: A Literature Review," *International Journal of Humanities & Social Science Studies* 3 (2016): 167–177. Barbara Gabriella Renzi, Matthew Cotton, Giulio Napolitano, et al., "Rebirth, Devastation and Sickness: Analyzing the Role of Metaphor in Media Discourses of Nuclear Power," *Environmental Communication* 11 (2017): 624–640. Sevgi Balkan-Sahin, "Nuclear Energy as a Hegemonic Discourse in Turkey," *Journal of Balkan and Near Eastern Studies* 21 (2019): 443–461. Etsuko Kinefuchi, *Competing Discourses on Japan's Nuclear Power: Pronuclear Versus Antinuclear Activism* (New York, NY: Routledge, 2022).

于中国核能话语的研究还是相对较少。

所以，假如有人问起中国主流的核能话语如何，我们又该如何作答？换言之，在中国主流的核能话语"是什么"这一议题上，我们都缺乏相应的解答，更不要提去揭示这些话语赋予了中国民众关于核能的何种想象。事实上，作为世界大国，中国的核能话语也直接影响全球性的核能事务，若想在全球性的气候传播与能源安全议题中掌握话语权，我们须对中国一贯以来的核能话语变迁有所了解。

基于此，本研究的研究问题如下。

1. 1949~2017 年，《人民日报》呈现了怎样的中国核能媒介话语的变迁？它又是如何再现"国之重器"的中国核能的波澜壮阔的发展历程的？

2. 在不同历史时期，政治、经济各种力量又赋予了民众对于核能怎样的想象和认同？又是如何通过《人民日报》的核能媒介话语来实现这种"接合"目的的？

3. 在当下，《人民日报》的这种核能媒介话语形塑又会对中国核能的风险沟通产生什么样的影响？中国的核能媒介话语应当在风险沟通中扮演何种角色？

第三节　章节安排

第一章绪论部分，旨在介绍本研究的背景以及问题意识。研究的背景有二：一是气候变迁对于核能的渴求，让核能成为当下一个无可回避的现实，我们必须加以重视；二是核能实际上也是一个话语竞逐的场域，它并不是一个单纯的科技，而是被赋予了各种想象和认同，与其他科技不一样的地方在于，核能又是一种"风险"科技，这就为话语形塑留下了空间。因而本研究的问题意识则变成了，在中国核能话语经历了怎样的历史变迁，在这种变迁之中，它被赋予了何种想象和认同，这种话语形塑又对当下的核能政策产生了什么样的影响。

第二章"核能科技、社会与话语"，实际上是本研究的文献梳理部分，共分为三个小节。

第一小节是"核能的社会性与风险性"，这一小节首先指出，核能是一种"社会技术杂合体"，不同的政治、权力、社会思潮以及人类欲望等社会力量等都会对核能发展产生重大影响；接着，这一小节继续指出，核能作为一种技术力量，是如何"解蔽"了新型"风险"，将人类社会带入一种"风险社会"的境地，凸显核能作为一种"风险科技"之于人类社会的意义。

第二小节是"语言转向与话语的建构性"，主要阐述了话语与真实之间的关系，指出话语在当下社会中的历史功能。这一小节先是从索绪尔的语言理论入手，梳理了"语言转向"之后对于语言的一些普遍认知，指出语言并非现实世界的单纯再现，语言也在建构着现实、认同、权力关系等。接着引入福柯等人的话语理论，指出话语、权力与主体之间的一些关系，最后过渡到对于话语的建构性揭示，即"话语分析"和"批判话语分析"等相关话语分析的理论。

第三小节是"核能的话语形塑"，则是有关核能话语本身的研究。这一小节先是介绍百年来国外关于核能话语主题的变迁，以及媒介是如何参与核能话语争议的，又是如何再现和建构了一个复杂核能的形象，这一小节的最后一部分则是讨论已有的中国有关核能话语的研究。

第三章"作为方法的批判话语分析"，则是本研究的研究方法章节，介绍了本研究所使用的"批判话语分析"在方法论上的定位与争议，以及其作为一种研究方法的资料搜集过程和一般的分析程序等。介绍了本研究的考察对象、数据来源和检索方法，着重介绍了本研究所借鉴的"话语—历史取径"分析方法，以及本研究的分析架构与策略等。

第四章"中国核能的媒介话语的分阶段呈现"，则是以《人民日报》近70年不同历史阶段对于核能的话语主题展开论述，主要包括"1949~1963年：原子能问题上的两条路线""1964~1977年：打破核垄断与'自力更生'""1978~1990年：中国发展核电势在必行""1991~2010年：从国之光荣到民族核电""2011年福岛之后：中国核电的声音更响亮"等。核能话语的变迁实际上也与历史变迁交织在一起，在互动之中再现和建构了中国民众关于核能的想象与认同。本章的分析既有宏观层面的历史脉络分析，也有话语策略等语言使用方面的微观分析。

第五章"中国核能的媒介话语的总结与讨论"，则是总结了《人民日报》在 1949~2017 年所再现和建构的中国核能话语变迁，主要包括中国核能话语的流变、特性以及所使用的语言三个方面，在讨论部分，则是在核能话语的基础之上，重点讨论了国家、现代化与科技，权力、媒介与话语机制，核能话语与风险沟通等诸多概念之间的复杂关系，分析为何在中国会出现这样的"核能话语"以及提出一些政策性的建议等。

第六章结语部分主要是总结了全书内容，以及指出了本研究的一些局限以及未来可扩展的研究方向等。

第二章 核能科技、社会与话语

第一节 核能的社会性与风险性

一 核能作为"社会技术的杂合体"

> 如果六十年代以来中国没有原子弹、氢弹，没有发射卫星，中国就不能叫有重要影响的大国，就没有现在这样的国际地位。这些东西反映一个民族的能力，也是一个民族、一个国家兴旺发达的标志。①
>
> ——邓小平，1988 年 10 月

核能在具有"物质性"（materiality）的同时，也具有"社会性"（sociality），在讨论核能这一科技形式时，这两个面向皆不可偏废，太注重"物质性"会忽略附着在核能身上的政治角力、利益争夺以及意识形态改造。对核能"社会性"的强调也为核能的话语形塑预留了空间。

事实上，任何现代科技的发展都具有社会性的面向，而非单纯的科技直线发展的结果。这似乎有违我们对于科学的客观性认知。科学获得独立性，是现代社会的一个重要标志，意味着人类对于自然的研究不再依附于神学或者人类的其他权力意志，但是在拉图尔（Bruno Latour）看来，现代社会中所张扬的科学从来都不是那么纯粹的，那些看似客观的、人独立于

---

① 邓小平：《邓小平文选》（第三卷），人民出版社，1993，第 279 页。

外部世界的科学探索活动，实际上混杂着各种知识与权力的社会关系，科学与社会从来没有那么割裂过，在这个意义上，"我们从未现代过"，"我们绝不可以将科学和社会先行分割而后定义之，它们依赖同样的基础：它们就像是由同样的'制度'所界定的两个力量分支一样"。[①] 这也意味着，像核能这样的现代科技，不能单纯地被理解为是原子能科技发展到一定阶段的必然结果，它的发展必然有着其社会性的动因。科学，与其说是一个独立王国，不如说，是处于事实、权力和话语的网络之中，用拉图尔的话说，科学是一种"社会技术的杂合体"[②]。

核能自诞生之初，便是这种"社会技术的杂合体"。翻开核能的发展史，的确可以看到政治、权力、社会思潮以及人类欲望本身等社会力量对核能发展的巨大影响，核能的发展是在拉图尔所说的多个行动者组成的网络中达成的。

在诸多的行动者中，首先出场的是物理学家，这一科学共同体对于掌握宇宙中最基本的力量一直存有"欲望"，1930年代有人宣称掌握原子的力量是不太可能的，但这个预言很快就被科学家群体在1940年代打破。当时的一个背景是，德国纳粹已经在1930年代末开始了对于原子核裂变的研究，很有可能早于盟军研发出原子弹，这让爱因斯坦等物理学家大为忧虑，爱因斯坦还写信给当时的美国总统罗斯福（Franklin Delano Roosevelt），提醒美国加快对于原子弹的研制。[③] 于是开发核能就首先变成了一场物理科学家间的战争，服务于美国"曼哈顿工程"的物理科学家们必须赶在德国法西斯对手之前将原子弹研制成功，这不仅关乎西方文明的生死存亡，也关乎哪一个科学共同体可以在这场科技前沿的战役中获胜。[④] 但是科学家们对于掌握原子奥秘的"欲望"，又很快被原子弹用于战争的事实所震惊。

---

① 〔法〕布鲁诺·拉图尔：《我们从未现代过：对称性人类学论集》，刘鹏、安涅思译，苏州大学出版社，2010，第1~2页。

② 〔法〕布鲁诺·拉图尔：《我们从未现代过：对称性人类学论集》，刘鹏、安涅思译，苏州大学出版社，2010，第8页。

③ 陈恒六：《爱因斯坦和原子弹》，《自然辩证法通讯》1985年第4期。

④ 〔英〕阿兰·艾尔温、〔英〕斯图亚特·阿兰、〔英〕伊恩·威尔什：《核风险：三个难题》，载〔英〕芭芭拉·亚当、〔德〕乌尔里希·贝克、〔英〕约斯特·房·龙主编《风险社会及其超越：社会理论的关键议题》，赵延东、马缨等译，北京出版社，2005，第142~153页。

在 1945 年 7 月核爆试验成功以后，美国原子弹小组的领导者奥本海默（Julius Robert Oppenheimer）引用印度教经文里的一句话：“现在，我变成了死神，成了世界的毁灭者。”① 来自政治和军事的“欲望”还是把这种摧毁世界的力量公之于众，几周后，美国在日本的广岛和长崎投下了原子弹，人类从此进入了一个回不去的“原子时代”。

不过原子弹巨大的伤害力并未使核能发展停下脚步，多种“欲望”的交织和行动者的努力使得核技术的前景产生了一种自相强化的共振（a mutually reinforcing resonance），科学家们有着对于征服自然的“欲望”，政治家有着战争取胜的“欲望”，而民众对于新生事物核能的狂热让世界都可以忽略掉核能所隐藏的另一面。这种“共振”集中体现在一张标志性的图像中：

> 20 世纪 50 年代，美国人坐在特制的看台上观看核试验。从照片上看，这些看台被戴着太阳镜的美国人塞得满满的。现在，这些照片引起许多疑惑。这是一个“‘如果他们当时知情的话’，事情就不会是这样子”的经典例子。但是，这种理性化的追溯没有考虑到当时的时代精神；更好的方法是问一问，在那个时候做一名爱国的美国人意味着什么？简单地说，就是忠于依靠拥有的核武器来统治和领导世界的美国梦。获邀见证核武器的，就意味着成为魔术圈子的一员，意味着体验成为像死神（Grim Reaper）那样的世界毁灭者的可能性。这不是一个能够轻易拒绝的邀请，特别是当反共的歇斯底里愈演愈烈之时。尽管公众对辐射的认识已经有了很大改变，但是直到 1979 年发生了三哩岛反应堆事故，它在媒体上的形象都没有大的改变。年轻人挤在敞篷车里，在废弃的街道中行驶，还打着条幅“就是要出来吸收放射线”。即便是强制性的地下核试验也不能消除民众参观核武器测试的欲望。②

---

① Spencer R. Weart, *Nuclear Fear: A History of Images* (Cambridge, MA: Harvard University Press, 1988), p. 101.

② 〔英〕阿兰·艾尔温、〔英〕斯图亚特·阿兰、〔英〕伊恩·威尔什：《核风险：三个难题》，载〔英〕芭芭拉·亚当、〔德〕乌尔里希·贝克、〔英〕约斯特·房·龙主编《风险社会及其超越：社会理论的关键议题》，赵延东、马缨等译，北京出版社，2005，第143 页。

如果说 50 年代的美国梦是依靠拥有的核武器来统治和领导世界，那么对于曾经的世界霸主英国而言，它清楚地认识到：如果没有原子弹，就无法维持其作为顶尖国家的地位。在议会讨论中，有人这样断言：即使"英国不再支配海洋，毫无疑问，它也将支配同位素和反应堆"。① 在掌握核能之后，英国社会压抑已久的精神力量被唤醒，人们又开始回忆起大英帝国的日不落的疆域、帝国的荣光以及殖民统治。核工业者将核能描述成再度实现这种荣耀的方式，对核能发展的信仰成了不被质疑的一种公理（axiomatic），核能所象征的符号力量在整个政治机构中得以传播开来，甚至影响到了最具声望的科学机构——英国原子能管理局（United Kingdom Atomic Energy Authority，UKAEA），这个由科学理性驱动的机构在撰写政策时包含太多的政治成分。②

当然，因为国家拥有核武器而产生的无比的爱国热情和自豪感并非美国人独有，之前提到的赫克特将核能视为凝聚二战后法国国家认同的一项利器，它是当之无愧的"法兰西之光"。实际上这种比喻在中国也出现过（详见后文对于《人民日报》的核能话语的话语分析），1964 年，中国第一颗核弹试爆成功，当时中国人都喜不胜收。

科学家们当初对于掌握自然界基本力量原子能的持续"欲望"现在看来是有些非理性的、原始的和本能的，他们中的很多人明白原子弹摧毁世界的破坏力，在美国于日本投下原子弹之后，这种冲击过于强大，以至于威胁了参与"曼哈顿计划"的人员自身的道德。③ 在这种背景之下，科学家们产生了做出某种补偿和赔偿的"欲望"，那就是和平利用原子能，使之造福社会，比如用来发电。换言之，核能走向民用，多少有点科学家们

① 〔英〕阿兰·艾尔温、〔英〕斯图亚特·阿兰、〔英〕伊恩·威尔什：《核风险：三个难题》，载〔英〕芭芭拉·亚当、〔德〕乌尔里希·贝克、〔英〕约斯特·房·龙主编《风险社会及其超越：社会理论的关键议题》，赵延东、马缨等译，北京出版社，2005，第 149 页。

② 〔英〕阿兰·艾尔温、〔英〕斯图亚特·阿兰、〔英〕伊恩·威尔什：《核风险：三个难题》，载〔英〕芭芭拉·亚当、〔德〕乌尔里希·贝克、〔英〕约斯特·房·龙主编《风险社会及其超越：社会理论的关键议题》，赵延东、马缨等译，北京出版社，2005，第 148 页。另见 Ian Welsh, *Mobilising Modernity: The Nuclear Moment* (London Routledge, 2000), pp. 41–42.

③ 〔英〕阿兰·艾尔温、〔英〕斯图亚特·阿兰、〔英〕伊恩·威尔什：《核风险：三个难题》，载〔英〕芭芭拉·亚当、〔德〕乌尔里希·贝克、〔英〕约斯特·房·龙主编《风险社会及其超越：社会理论的关键议题》，赵延东、马缨等译，北京出版社，2005，第 144 页。

在补偿的味道。而当时西方的政客们也试图让民众相信，科学不仅仅是可以用来杀戮的，也可以成为一种值得被期待的进步力量。这种观点在战后百废待兴的时空情境中，是非常有市场的。于是 1953 年，"和平利用原子能"（Atoms for Peace）运动在美国被发起，当然这种倡议也绝非单纯出于"和平"的愿景，美国的这一运动依然有着三个紧密联系的目标：一是重新定义核能是一种对人类有益的力量；二是与苏联的核力量抗衡，并试图吸纳其他国家加入美国的核阵营；三是建立全球性的核技术市场。① 在西方，核能于政治而言，始终是一个被改造的对象。

总之，西方科学家们和政客通过"和平利用"等话语将"核怪兽"置于理性的控制和支配之下，为的就是将理性范畴重新应用于与核能有关的议题中，以便在核能时代里重新建立政治上和科学上的领导权的可靠的功能性身份。一时间，核能民用的神话四起，公共言谈中充斥着对核能这一最新科技成果能源梦的期待，工程师、政客以及作家无一不对核能造福于人类的潜能抱有期待：一个桌子大小的燃料棒组件就可以为一个城市生产足够维持一到两年的电力；② 当时的一位作家拉森（Egon Larsen）写道："当我们给超声波洗衣机装上某种射线来为衬衫、袜子和餐巾消毒时，也许'用射线洗得更白'的口号对我们而言将变得非常熟悉"；③ 时任美国原子能协会（Atomic Energy Commission, AEC）主席的施特劳斯（Lewis Strauss）预测到 1970 年代，核能发电将便宜到难以计算（too cheap to meter）；另一任美国原子能协会的主席、钚元素发现者、科学家西博格（Glen Seaborg）甚至将目光拓展到了用核能推进宇宙航行，他指出有朝一日核动力的宇宙飞船将载着宇航员往返于地球和火星之间。④

① William J. Kinsella, Dorothy Collins Andreas, and Danielle Endres, "Communicating Nuclear Power: A Programmatic Review," *Annals of the International Communication Association* 39 (2015): 277-309.

② Jon Palfreman, "A Tale of Two Fears: Exploring Media Depictions of Nuclear Power and Global Warming," *Review of Policy Research* 23 (2006): 23-43.

③ 〔英〕阿兰·艾尔温、〔英〕斯图亚特·阿兰、〔英〕伊恩·威尔什：《核风险：三个难题》，载〔英〕芭芭拉·亚当、〔德〕乌尔里希·贝克、〔英〕约斯特·房·龙主编《风险社会及其超越：社会理论的关键议题》，赵延东、马缨等译，北京出版社，2005，第 150 页。

④ Jon Palfreman, "A Tale of Two Fears: Exploring Media Depictions of Nuclear Power and Global Warming," *Review of Policy Research* 23 (2006): 23-43.

"和平利用原子能"这一神话所塑造的是核能被视为科技进步的必然产品。作为大科学（big science）的最初表率之一，核能在技术争论中一向是作为例证出现的，这类论争的基础信念是：即使问题会不可避免地出现，它们也一定会被技术知识的进步所清除。当时这种对"科学和进步"的信念也意味着，批评往往被当作不了解情况和非理性的。① 科学家们相信，下一代的核能技术总能克服当下的技术缺陷，② 于是，在科学理性的叙事框架内，核能被视为一种理所当然进行发展的技术产品。

1970 年代的石油危机让西方国家开始注重能源独立的问题，但是之后随着人们更加了解核能以及核能事故的多发，核能这种能源形式被质疑，尤其是 1979 年的三哩岛事故和 1986 年切尔诺贝利事故大大加深了民众对于核能的恐惧和不信任，世界各地也有一些反核运动。③ 但是，面对能源紧缺的现实及为应对气候变迁而减少温室气体排放的需求，不少国家仍然选择了继续发展的核能道路，在支持与反对之间，核能作为一种技术形式继续接受社会的"改造"。

相较于支持核能的国际政治考虑、能源需求以及现代主义的科学和理性叙事，反对核能的社会力量则显得更加多元。内尔金（Dorothy Nelkin）和波拉克（Michael Pollak）在对法国和德国的反核运动进行研究后发现，除去核能的风险议题，反核运动也夹杂着诸种社会思潮，甚至有对于现代性本身的反思。④ 在反对者看来，核能问题是工业社会发展到一定阶段所引起的社会问题的集中体现：以核能为代表的技术变迁对物质环境和社会价值观带来了双重冲击，带来的是经济活动的垄断集聚、决策权力的"集权化"以及为维持现代社会运转而遍在的官僚机构。1980 年代法国和德国

① 〔英〕阿兰·艾尔温、〔英〕斯图亚特·阿兰、〔英〕伊恩·威尔什：《核风险：三个难题》，载〔英〕芭芭拉·亚当、〔德〕乌尔里希·贝克、〔英〕约斯特·房·龙主编《风险社会及其超越：社会理论的关键议题》，赵延东、马缨等译，北京出版社，2005，第124 页。

② Alvin M. Weinberg, and Irving Spiewak, "Inherently Safe Reactors and a Second Nuclear Era," *Science* 224 (1984): 1398-1402.

③ Jon Palfreman, "A Tale of Two Fears: Exploring Media Depictions of Nuclear Power and Global Warming," *Review of Policy Research* 23 (2006): 23-43.

④ Dorothy Nelkin, and Michael Pollak, "Ideology as Strategy: The Discourse of the Anti-Nuclear Movement in France and Germany," *Science, Technology, & Human Values* 5 (1980): 3-13.

的反核运动所集聚的是这样一种世界观：那就是从社会变迁的视角对核能所引发的技术和政治后果进行诊断。

换言之，支撑反核运动的意识形态，并不是对于选择何种科技的简单直接响应，而是表达了对现代工业社会及其政治生活特征的深刻恐惧和强烈的危机感。因而在法国、德国的反核论述中蕴含对于核能的形塑：对核能天启式灾难的想象，对核能造成的生态、经济和文化危机的悲观看法，以及对于核能产生的社会政治根源的批判性分析。这种深刻的反思也直接导致了法国和德国现如今的核能政策，尤其是德国明确表示要放弃核电转而走向可再生能源。

除了对于现代性的反思，反核往往勾连着其他要求，有时甚至成为政治或者利益团体利用的议题工具。道森（Jane Dawson）对苏联的加盟共和国亚美尼亚、立陶宛、乌克兰等国在 1980 年代后期尤其是乌克兰的切尔诺贝利事故之后的反核运动进行研究发现，苏联在该国设立核电项目可能会对当地环境造成危害其实只是一个让反对得以正当化的理由，反对苏联对国家的掌控才是真，因为这些国家在苏联解体后都无一例外重启或延续了苏联时期的核项目，所以道森指出，对于这些国家而言，反核不过是民族主义的一个幌子（surrogate），因为对于当时的这些国家而言，公开谈论民族独立是一种禁忌。①

何明修指出，尽管反核最终要求可能是一致的，但是动机与策略乃至形成社会合力的机制在各个国家或者地区呈现的是多样化的特征。②

仍以 1970 年代的法国反核运动为例，反核联盟实际上是非常松散的社会力量结合：农民关心的是核能所引发的农业问题；工人关心的是职业伤害问题；中小企业担忧的是核能企业过于庞大；左派人士担心的是核能扩张背后的资本主义；而保守右派人士忧虑核能作为新科技对于传统社会结构的冲击。③

---

① Jane Dawson, "Anti-Nuclear Activism in the Ussr and Its Successor States: A Surrogate for Nationalism?" *Environmental Politics* 4 (1995): 441–466.

② 何明修：《从三哩岛到福岛——台湾反核运动的发展》，《科学文化评论》2015 年第 5 期。

③ Dorothy Nelkin, and Michael Pollak, "Ideology as Strategy: The Discourse of the Anti-Nuclear Movement in France and Germany," *Science, Technology, & Human Values* 5 (1980): 3–13.

而同样是反核，在奥地利就变成了一种国家认同和集体意志，[①] 奥地利人意识到，奥地利作为一个在大国夹缝中生存的小国，应当选择一种不一样的"社会技术路线"（sociotechnical trajectory），因而他们选择拒斥核能以及转基因科技等，目的就是保持奥地利"纯天然"（naturally）的社会特质。

以上诸事实告诉我们，各个国家选择核能的理由或许是相似的，但是反对核能的理由是千差万别的，这也意味着对于核能的讨论必须嵌于特定的时空脉络之中，否则就无法理解"核能"二字对于一个特定社会或者群体的含义。当然，随着人类社会步入后现代，之前种种的关于科学理性、民主进步的"宏大叙事"都在受到冲击，多种社会思潮涌现，作为集能量与破坏于一身的核能必然会受到更多的话语改造。正如金塞拉等学者所指出的，当下的核能是一个复杂的论述领域，拥核与反核的话语在此竞争，所涉及的是应对气候变迁与能源安全之间的暧昧关系，是各种形式的谈判与修辞划界工作，是分散的但又不可通约的话语和知识形式，也是掌控和管理高风险科技所带来的组织上、制度上以及政治上的挑战。[②] 而所有的这些都为话语实践留下了空间。

二　核能作为"风险社会"的表征

同样正确的是，风险并不是现代性的发明。任何一个出发去发现新的国家和大陆的人——比如哥伦布——当然已经认识了"风险"。但这些是个人的风险，不像那些随核裂变和放射性废料储藏而出现的问题，对整个人类来说这是全球性的威胁。在较早的阶段，"风险"这个词有

---

① Ulrike Felt, "Keeping Technologies Out: Sociotechnical Imaginaries and the Formation of Austria's Technopolitical Identity," in Sheila Jasanoff and Sang-Hyun Kim eds., *Dreamscapes of Modernity: Sociotechnical Imaginaries and the Fabrication of Power* (Chicago, IL: University of Chicago Press, 2015).

② William J. Kinsella, Dorothy Collins Andreas, and Danielle Endres, "Communicating Nuclear Power: A Programmatic Review," *Annals of the International Communication Association* 39 (2015): 277–309.

勇敢和冒险的意思，而不意味着地球上所有生命自我毁灭这样的威胁。①

——贝克

海德格尔（Martin Heidegger）在论技术本质的时候说，技术之本质完全不是什么技术因素。思考技术之本质，切不可流于仅是正确的答案。在海德格尔看来，一种新技术的出现，意味着一种"引发"或者"展现"，即将某种关系或者某物从遮蔽状态中显现出来，正如海德格尔本人所说的："如是看来，技术就不仅是一种手段了。技术乃是一种解蔽方式。如果我们注意到这一点，那就会有一个完全不同的适合于技术之本质的领域向我们开启出来。那就是解蔽的领域。"②

现代技术在本质上也是一种揭示或展示的方式，但是这种解蔽有一种强制性的味道。古代农民耕种，所作所为并不是在促逼耕地，而是要关心和照料，有一种中国人所说的"顺其自然"的意味。现代技术则是将土地当作一种摆置的资源，促逼着其遮蔽的能量被开采出来，自然于是变成现代技术的"持存物"，需要随时准备着被"订造"而"到场"。海德格尔又发明了"集置"一词来命名那种促逼的要求。1966 年海德格尔在答《明镜》记者问时再次谈到集置问题时说："集置的作用就在于：人被摆置于此，被一股力量安排着、要求着，这股力量是在技术的本质中显示出来的而又是人自己所不能控制的力量。"③

具体到核能，人类制定了无比严格的生产安全规范，然后对核反应堆的运行密切看管，即便如此，还得担心这种"安全感"因为天灾人祸而被剥夺。因而，海德格尔看到了核科技所"解蔽"的那种不为人掌控的可怕力量，这是比核战争更让人恐惧的地方，因为核战争可以通过人类的协商谈判予以控制，但是核科技这种强行"订造"人类的能力是人类自身无法躲避的。在跟日本学者的通信中，海德格尔指出，如果能控制核能，是否就意味着人类已经成为技术的主人？不尽然。人类对技术的控制反而见证

---

① 〔德〕乌尔里希·贝克：《风险社会》，何博闻译，译林出版社，2004，第 18 页。

② 〔德〕马丁·海德格尔：《演讲与论文集》，孙周兴译，生活·读书·新知三联书店，2005，第 11 页。

③ 刘大椿、刘劲杨：《科学技术哲学经典研读》，中国人民大学出版社，2011，第 126 页。

了技术"集置"的力量。① 换言之，核能的开发并不意味着人类对于这种高新科技的掌控，反而是让人类深陷其"集置"的力量之中。无论如何，不能再将核能视为一项科技物那么简单，其本质对人类而言也是一种新型"风险"关系的解蔽。

而从德国社会学家贝克的"风险社会学"来看，核能已成为"风险社会"的一个典型表征。"风险社会学"本身所关注的并非单纯的科技问题，在人类社会进入"风险社会"的动因之中，生产力的发展尤其是科技进步成为一个关键性的因素。

马克思的历史唯物主义认为，社会变迁的实质和根本在于生产关系的变迁，而生产关系变迁的根本动力在于生产力的发展，即生产力决定生产关系，经济基础决定上层建筑，"手推磨产生的是封建主的社会，蒸汽磨产生的是工业资本家的社会"，而在生产力系统中，技术（技术本身以及生产者的技术化，生产过程中技术的应用等）是越来越具有决定性的要素，因而在马克思的思想体系中，"把科学首先看成历史的最有力的杠杆，看成最高意义上的革命力量"。② 邓小平在此基础上更进一步明确提出"科学技术是第一生产力"，③ 指出了科技发展对于社会进步的推动作用。

但是在资本主义社会的发展初期，技术所创造的财富依然是短缺的，人们尚在为"每天的面包"而挣扎过活，根据商品（goods）分配的多寡，社会出现的是一种"阶级"分明的状况，人们处在一个"阶级社会"，因而此时支撑整个传统工业社会的逻辑是"财富分配的逻辑"。这反映在学术上就是马克思、韦伯等古典社会学家所关注的社会生产的财富是如何通过社会中不平等却又"合法的"方式进行分配的。④

随着财富的创造与增加，贫穷与饥饿问题不再是社会关注的焦点。在资本主义国家中，"超重"问题代替了饥饿问题。与此同时，过去不在意

---

① Koichiro Kokubun, " Philosophy in the Atomic Age—Why Is Nuclear Power Loved So Much?" *Asian Frontiers Forum: Questions Concerning Life and Technology After* 311 (Taiwan University, 2013).

② 赵青霞、杨小明：《马克思不是"技术决定论者"吗？——兼与刘立先生商榷》，《自然辩证法研究》2004年第8期。

③ 邓小平：《邓小平文选》（第三卷），人民出版社，1993，第274页。

④ 〔德〕乌尔里希·贝克：《风险社会》，何博闻译，译林出版社，2004，第16页。

的风险问题如环境污染、气候变迁等日渐暴露其严重性，于是支撑现代社会西方高度发达的逻辑就由"财富分配的逻辑"转到了"风险分配的逻辑"，用贝克的话说就是，"不平等的"社会的价值体系被"不安全的"社会价值体系所取代，人们不再关心获得"好的"东西，而是关心如何预防更坏的东西。①

在讨论到这种社会根本逻辑翻转的原因时，贝克强调，"科技"在这种历史变迁中绝对是处于核心的位置，因为基本上，现代科技就是制造出我们的世界现在要面对的许多新性质的风险（new qualities of risks）的"行动物"。② 不过也有学者对于贝克的"风险社会"理论提出了不一样的看法，如道格拉斯（Mary Douglas）和沃尔达夫斯卡（Aaron Wildavsky）就认为，风险并非现代社会的产物，而是古已有之，因而风险不应当被看作近代科技的产物，而更多的是一种社会制度和文化形构的产物，亦即不同的制度文化有着独特的世界观或文化偏好，这其中包括对风险和危险的看法。③ 所以，道格拉斯和沃尔达夫斯卡认为，在当代社会，风险实际上并没有增加，也没有加剧，仅仅是被察觉、被意识到的风险增加和加剧了。真正需要解释的是，为何技术问题会引起越来越多的政治关注，并成为越出国家界限的政治争论。④

道格拉斯和沃尔达夫斯卡的学说实际上动摇了贝克的风险作为当代社会的"根本逻辑"的地位，实际上，贝克也承认风险这一概念并非现代独有，他指出，大航海时期希望发现新大陆的人都要付出风险的代价，但是这种风险更多还是一种个人层次上的风险，在当时的脉络中，风险这个词听起来像是勇气与冒险的号角。⑤ 换言之，在贝克看来，古代的风险是主动追求或者可回避的，而现代的风险是无可回避的，更重要的是，这种风

---

① 〔德〕乌尔里希·贝克：《风险社会》，何博闻译，译林出版社，2004，第56页。
② 〔英〕布莱恩·韦恩：《风险社会、不确定性和科学民主化》，《科技、医疗与社会》2007年第5期。
③ Mary Douglas, and Aaron Wildavsky, *Risk and Culture: An Essay on the Selection of Technological and Environmental Dangers* (Berkeley: University of California Press, 1982).
④ 鲍磊：《风险：一种"集体构念"——基于道格拉斯文化观的探讨》，《学习与探索》2016年第5期。
⑤ 〔德〕乌尔里希·贝克：《风险社会》，何博闻译，译林出版社，2004，第18页。

险又是人为的。古代的风险如自然灾害或者极端天气，很多都是纯粹自然的过程，但是现代社会的风险是人类活动造成的恶果。因而贝克认为，"风险社会"是从"工业社会"的内在逻辑中发展出来的，它具有某种程度上的历史必然性，因而这不是用何种文化观看风险的问题，而是一个因为技术变迁而造成深层次的整个社会结构和进程改变的后果，将风险视为一种文化形构和集体构念（collective construct）① 则失去了对于技术变迁所引致的后果的洞察和思考。

贝克、吉登斯（Anthony Giddens，同"季登斯"）等学者也用"反身化现代性"这一术语来指陈当下我们所面临的处境（社会已经陷入自我导致的风险处境之中），② 因此我们也必须要对导致当下困境的社会基础本身进行更加系统性的反思，来实现一种超越。

具体而言，贝克指出新时代的风险具有如下特征。③

由现代科学所创造；

但只能由科学来理解（因此依赖于科学），因为不能"显而易见"地被人类感官所感知；

全球性的范围与影响；

无法逃避又无所不在（金钱无法买得逃避——"民主化"）；

不可逆转；

不可计算——没有限度的；

因此也无法保险；

不可衡量的并且不确定。

鉴于核能是贝克在《风险社会》一书中用来阐明现代风险的一个极佳

---

① Mary Douglas, and Aaron Wildavsky, *Risk and Culture*: *An Essay on the Selection of Technological and Environmental Dangers*（Berkeley: University of California Press, 1982）.

② 刘维公：《第二现代理论：介绍贝克与季登斯的现代性分析》，载顾忠华主编《第二现代：风险社会的出路？》，巨流图书公司，2001，第 2 页。

③ 〔德〕乌尔里希·贝克：《风险社会》，何博闻译，译林出版社，2004，第 20~22 页。顾忠华：《风险社会的概念及其理论意涵》，《政治大学学报》1994 年第 69 期。〔英〕布莱恩·韦恩：《风险社会、不确定性和科学民主化》，《科技、医疗与社会》2007 年第 5 期。

例子，下文我们也主要以核能为例去揭示新时代的风险特征。

新时代的风险由现代科学所创造，这也是贝克对于风险的认知与道格拉斯和沃尔达夫斯卡等学者不一样的地方，如前所述，这种认知具有了"反身化"的意味，亦即科技带领人类走出饥饿和贫穷，却又落入风险社会的陷阱。鲍曼（Zygmunt Bauman）也指出，不论在客观上还是在主观上，科学和技术都是社会系统中使风险产生的永恒力量，而不是阻碍风险产生的力量。① 以核能为例，科学家们通过核反应让原子核释放能量就是一种科学不断探索的结果，但随之而来的就是核反应所带来的大量放射性物质一旦泄漏，则会对人类社会带来极大困扰，此外，核废料的处理也是一个世界性的难题，目前最理想的处理办法就是对它们进行封存性掩埋，但实际上这种处理办法不过是把风险留给了后人。核能的这种后果显然不是早期工业社会以及以前社会形态所具有的，它是现代科学的产物，因而贝克等学者的反思不无道理，科技在当代社会的确是一把"双刃剑"，它带来进步，也伴随风险。

工业社会中人们拥有的财富通常是可见的和可计算的，但是产生于晚期的现代性风险则是完全超出人们感知范围的。科学进步导致了社会功能分化与复杂性的升高，使社会成为一个庞大、无法掌握的客体，人们每天在生活领域所面对的经常是感觉与经验的模糊性与不安全性。② "在今天，文明的风险一般是不被感知的，并且只出现在物理和化学的方程式中（比如食物中的毒素或核威胁）。"③ 换言之，辐射、空气污染和食物中毒素所引致的伤害一般是无形和难以认知的，需要依靠专家的权威来进行认定。因而，风险的损害程度可能随着知识上的操纵而被夸大或掩饰，演变成了一种"专家系统"解释上的"独断"。吉登斯认为，专家系统的形成将人类带入一个实验环境，该实验却是超出人类控制能力将日常生活变得冒险的风险活动。④

---

① 〔英〕齐格蒙特·鲍曼：《后现代伦理学》，张成岗译，江苏人民出版社，2003，第243页。
② 周桂田：《现代性与风险社会》，《台湾社会学刊》1998年第21期。
③ 〔德〕乌尔里希·贝克：《风险社会》，何博闻译，译林出版社，2004，第18页。
④ 刘维公：《第二现代理论：介绍贝克与季登斯的现代性分析》，载顾忠华主编《第二现代：风险社会的出路？》，巨流图书公司，2001，第10页。

此外，贝克还指出了风险的另一个特征，那就是风险社会的分配逻辑打破了阶级和民族的区分，生态灾难和核泄漏是不分国家边界的，即使是富裕和有权势的人也在所难免。当然，富裕的人可以在某种程度上用金钱获得对于风险的逃避，但是像核辐射、SARS、环境污染、生态恶化、全球变暖这样的风险实际上是无法逃避的，如雾霾天气对某个地区的人来说，无论是贫穷还是富贵，只要出门，就不得不呼吸同样的空气。又如塑料所形成的"白色污染"是全球性的，人类实际上也难以找到一片没有白色污染的净土了。

再以核能为例，贝克指出，那些随核裂变和放射性废料储藏而出现的问题，对整个人类来说是全球性的威胁。① 在较早的阶段，"风险"这个词有勇敢和冒险的意思，而不意味着地球上所有生命会自我毁灭。1986 年乌克兰境内的切尔诺贝利事故所扩散的放射性物质影响的是远在英国威尔士境内的羊群，在此后 6 年多的时间里，威尔士的一部分羊还是无法代谢掉体内的核辐射物质；② 2011 年的日本福岛核泄漏事故所引发的是邻近国家或地区对于海产品是否会受到核辐射污染的担忧。

现代风险亦是不可逆转的（irreversible），一旦将它们释放到社会中，就不能够再把它们收回。③ 现代风险的产生可能是瞬间的，但是对于这种风险后果的清除可能需要几代人甚至更漫长的时间，如核废料的半衰期可达数百万年。

在贝克看来，现代风险亦是不可计算的，"原子能事故（在'事故'这个词狭隘的意义上）已经不是事故了。它超出了世代。那些当时还未出生的或者多年以后在距离事故发生地很远的地方出生的人，都会受到影响"。④ 这也意味着现代风险的不可担保性，因为后果不可估量，所以最后承担后果的只能是全社会。韦恩（Brian Wynne）指出，这也会导致一种基

---

① 〔德〕乌尔里希·贝克：《风险社会》，何博闻译，译林出版社，2004，第 18 页。

② Brian Wynne, "May the Sheep Safely Graze? A Reflexive View of the Expert-Lay Knowledge Divide," in Scott Lash, Bronislaw Szerszynski and Brian Wynne eds., *Risk, Environment and Modernity: Towards a New Ecology* (London: Sage, 1996).

③ 〔英〕布莱恩·韦恩：《风险社会、不确定性和科学民主化》，《科技、医疗与社会》2007 年第 5 期。

④ 〔德〕乌尔里希·贝克：《风险社会》，何博闻译，译林出版社，2004，第 19 页。

本、普遍的不安全感。①

所谓"不确定性"，我们可以用贝克在2009年所提出的"被制造的不确定性"（manufactured uncertainties）这一概念来阐明当下"世界风险社会"的特性。"被制造的不确定性"指的是这种不确定性是依赖于人类的决策，是由社会本身所创造的，②人类正在日益将自己编织进一个充满"不确定性"的未来。当然，"不确定性"更为可怕的地方在于，等到"风险"凸显之时一切已"晚矣"。

例如，人们在1950年代发明了一款用于治疗孕妇晨吐的药"沙利度胺"，在当时的科学规范之下，医药公司做了对于孕妇安全的风险评估，但是忽略了对于胎儿影响的风险评估，结果一直等到这个药取得执照可以商业化售卖，且母亲们因服用此药而生出畸形儿的悲剧发生后，才发现的确会产生未知的后果。③首先可以明确的是，这是一种人造的风险，其次，这种风险的后果是日后才被人发现。这也正如贝克所说的："在提高生产力的努力中，相伴随的风险总是受到而且还在受到忽略。科技的好奇心首先是要对生产力有用，而与之相联系的危险总是被推后考虑或者完全不被考虑。"④

简而言之，核能作为"风险社会"的一个典型表征，充分说明了技术进步正将人类社会卷入一种前所未有的"风险"境况，在这一境况之下，"风险分配的逻辑"已取代"财富分配的逻辑"。然而，"一种危险的产品可能通过夸大其他产品的风险来为自身做辩护（比如，对气候影响的夸大将核能的风险'减到最小'）。每一个利益团体都试图通过风险的界定来保护自己，并通过这种方式去规避可能影响到它们利益的风险"。⑤换言之，在"风险社会"中，如何定义风险，实际上也是一种抉择的话语之争，当一个东西被视为被需要的时候，关于其风险的论述实际上也被降至了最

---

① 〔英〕布莱恩·韦恩：《风险社会、不确定性和科学民主化》，《科技、医疗与社会》2007年第5期。
② Ulrich Beck, "World Risk Society and Manufactured Uncertainties," *Iris* 1, (2009): 291–299.
③ 〔英〕布莱恩·韦恩：《风险社会、不确定性和科学民主化》，《科技、医疗与社会》2007年第5期。
④ 〔德〕乌尔里希·贝克：《风险社会》，何博闻译，译林出版社，2004，第71页。
⑤ 〔德〕乌尔里希·贝克：《风险社会》，何博闻译，译林出版社，2004，第31页。

低。因而，核能这样的能源形式被接纳，并不意味着其风险是无须担忧的，很可能是因为它是人类社会在气候变暖的风险之下的一种无奈选择。而为了让这种选择更加合理化，话语便入场了。

第二节　语言转向与话语的建构性

一　语言转向与流动的话语

一般而言，古代哲学注重的是本体论，从近代开始，哲学注重的是认识论，到 20 世纪，哲学注重的是语言。[①] 本体论的探究主要回答的是世界的本质构造如何，即"存在什么"，哲学家们对此问题的回答不尽一致，但从古希腊开始，哲学家多在此集中精力。到了近代，哲学发生了"认识论转向"，所谓"认识论转向"指的是，"近代哲学以认识论问题的研究为中心，集中力量研究对世界（特别是实体）的认识理论和认识方法、思维与存在的相互关系"。[②] 对于思维与存在关系问题的回答，通常可分为经验论、唯理论、先验论与辩证法等观点或主张。徐友渔认为，笛卡尔是把哲学的中心问题从本体论转移到认识论的关键人物，他把哲学的任务规定为回答"我知道什么，我们认识的依据是什么"，而不再过多地追问世界的本质如何。[③]

而到了 20 世纪，哲学中又发生了一次被称为"哥白尼式的革命"的"语言转向"，即哲学的中心问题又从"我们如何认识世界"的这个集中于"主客体"关系的认识论问题，转向我们在何种意义上能够认识存在的问题，于是语言入场，无论是海德格尔的"语言是存在的家"还是维特根斯坦的"哲学就是对语言的批判"都在彰显语言对人存在的本体论意义，语言构成并决定了我们的生存方式，哲学中的这场"语言转向"运动在语言、思想与存在这三者之间做了一种紧密关系的扣连，语言再也不仅仅是表达思想的工具或手段，语言就是背后的思想本身，诚如维特根斯坦所

---

① 陈嘉映：《语言哲学》，北京大学出版社，2003，第 14 页。
② 强以华：《存在与第一哲学》，武汉大学出版社，1999，第 51 页。
③ 徐友渔：《"哥白尼式"的革命——哲学中的语言转向》，上海三联书店，1994，第 8 页。

说："想象一种语言就意味着想象一种生活形式。"①

海德格尔十分注重语言与存在的关系，按照海德格尔的观点，"言辞破碎处，无物存在"，存在不会自动展示在我们眼前，我们要认识存在就必须通过语言等媒介。海德格尔提出"要追问存在问题，就是要把存在带入言词。于是，言词、语言立即与存在直接勾挂起来。语言干脆就是人乎言词的存在"。② 概言之，海德格尔等哲学家指出了语言对人类社会的架构，没有语言，何谈存在？既谈存在，则必须回到语言。

对于各个具体学科而言，20 世纪语言转向带来一个重要的启发，那就是语言成了认识世界的一种最基本的本体论预设。但是就具体的各个学科而言，语言与存在的探讨还是过于后设，各学科都根据自己的需要来进行各自的"语言转向"。

在语言学领域，从索绪尔（Ferdinand de Saussure）开始，语言与真实的关联就受到了质疑。③ 索绪尔之前的传统观念认为，语言代表外在的客观现象，语言的意义由其所代表的客观现实所决定。但是在索绪尔等结构主义者的世界里，语言的意义由语言系统所决定。结构主义语言学者认为，一个字和它的意义之间的衔接关系、能指和所指之间的对应，并不是内在自然生成的，而是相当人为和武断的。

具体来说，索绪尔等结构主义者将能指脱离了所指的实在，即比如"狗"这个单字，在英语中发音为〔dɒg〕，在汉语中则是发音为〔gǒu〕，同样是在指涉一种动物，能指却是不同的。因而索绪尔等人就打破了语言与其所代表的事物相符合的传统观念，我们无法找到能指和所指之间的自然且必然的联系。

语言的意义不是从外部现实而来，即不是外部现实规定着语言的意义指涉，那么语言的意义从哪里来呢？索绪尔等结构主义者认为，语言的意义来自语言的结构本身，能指的差异实则是语言系统的差异。在一个语言结构里，词和语法系统之间存在一个基础性的约定系统，这种约定系统规

---

① 〔奥〕维特根斯坦：《哲学研究》，李步楼译，商务印书馆，2000，第 12 页。
② 陈嘉映：《海德格尔哲学概论》，生活·读书·新知三联书店，1995，第 300 页。
③ 钟蔚文：《想象语言：从 Saussure 到台湾经验》，载翁秀琪主编《台湾传播学的想象（上）》，巨流图书公司，2004，第 203 页。

定着一个符号所指涉的含义，即为何"猫"指涉的是"猫"，而"狗"指涉的是"狗"，词语之间意义的差异由此而来。①

因此，对于索绪尔等结构主义者来说，语言与其意义之间的关系是任意的，但是这种任意并不意味着个体可以任意地将语言与某种意义结合，"一旦符号的意义在语言集体中被确立，个人无力改变它。在这里，索绪尔承认了语言结构的稳定的、静态的方面。在老结构主义那里，这一点是不言而喻的"。②

索绪尔将语言分为"语言"（langue）和"言说"（parole）两个层次。所谓"语言"层次指的是语言的结构，指的是符号之间因区别而互相给予意义的一种符号网络，并且这种结构是固定和不变的；"言说"层次指的是语言的日常使用，通常是指人们在特定情境下使用语言。索绪尔认为，"言说"归根结底是依附于"语言"结构的，是"语言"的结构让这种"言说"成为可能。但是，在索绪尔的传统之下，"言说"通常被视为随机的以及易受到人们错误使用的，因而"言说"不足以成为语言科学的研究对象。因此，固定的、隐藏的结构，即"语言"，才是语言学的主要研究对象。③

那么索绪尔之后的后结构主义者又是如何突破这种静态的语言结构观的呢？我们必须明确的是，在索绪尔的理论中，语言结构则可以看成一个已经成型的网络，在这个网络中，每个语言符号好比是被安置于这张静态的网络中的一个节点，语言的意义可以被形象地想象成这个节点与其他节点的距离。④ 简而言之，结构主义者认为，一旦语言的网络被编织出来，某个语言符号的意义就是恒定的。

后结构主义者的语言分析也跟结构主义者一样，后结构主义者主张放弃从外部现实对语言的映像中寻找意义，而是转而走向语言的内部结构，⑤

---

① 杨大春：《后结构主义》，扬智文化，1996，第 11 页。
② 杨大春：《后结构主义》，扬智文化，1996，第 11 页。
③ Marianne W. Jørgensen, and Louise J. Phillips, *Discourse Analysis as Theory and Method*（London：Sage, 2002），p. 10.
④ Marianne W. Jørgensen, and Louise J. Phillips, *Discourse Analysis as Theory and Method*（London：Sage, 2002），p. 11.
⑤ 杨大春：《后结构主义》，扬智文化，1996，第 48 页。Marianne W. Jørgensen, and Louise J. Phillips, *Discourse Analysis as Theory and Method*（London：Sage, 2002），p. 10.

但是他们的区别又在于，后结构主义者显然没有被结构完全框限，在后结构主义者看来，语言之所以获得意义不是因为它在语言结构中异于其他语言符号，而是因为在不同的使用情境中获得意义。① 同样是"问现在的时间"的"几点了？"在上班的早晨醒来时问和假日问，所蕴含的意义就不一样，② 又或者同样一个单词"好的"，在汉语中使用，有些时候表示一种"答应，允诺"，有些时候又表示"状态还不错"，因而，后结构主义者在具体的使用情境中寻找语言的意义。

更进一步，在索绪尔那里，"语言"制约着"言说"，后结构主义者的观点恰恰相反，是在日常的语言使用即"言说"中，"语言"被生产、再造以及发生着变迁，所以语言学研究的对象更应当是"言说"而非"语言"。③ 自此，后结构主义者完成了对于结构主义者的反叛和再造，对于文本分析而言，杨大春指出，"与结构主义的静态的结构分析不一样，后结构主义者主张文本的生产性。读者应当看到文本是处于运作之中的，读者也可以在阅读中玩字词游戏，使这种运作成为多样的、多向的。于是，文本的单意义消失了，它自我解构，导致意义增殖和具有不确定性"。④

意义的不确定性和流动特征实际上也宣告着索绪尔静态的结构主义存有缺陷，后来者或和索绪尔唱和，或对他提出挑战而提出新的观点，其中代表人物之一便是巴赫金（Mikhail Mikhailovich Bakhtin）。⑤ 巴赫金认为索绪尔所提供的系统无法捕捉日常生活中变化多端、充满创意的语言行为，主张回到具体的情境中掌握语言的意义。在巴赫金那里，索绪尔所谓的语言系统的界限开始崩解，无处不为社会系统所渗透，意义随情境变迁和流动。换言之，在索绪尔对语言的想象中，意义是一个静态的系统，是常

---

① Marianne W. Jørgensen, and Louise J. Phillips, *Discourse Analysis as Theory and Method* (London：Sage，2002），p. 11.

② 钟蔚文：《想象语言：从 Saussure 到台湾经验》，载翁秀琪主编《台湾传播学的想象（上）》，巨流图书公司，2004，第 211 页。

③ Marianne W. Jørgensen, and Louise J. Phillips, *Discourse Analysis as Theory and Method* (London：Sage，2002），p. 11.

④ 杨大春：《后结构主义》，扬智文化，1996，第 48 页。

⑤ 钟蔚文：《想象语言：从 Saussure 到台湾经验》，载翁秀琪主编《台湾传播学的想象（上）》，巨流图书公司，2004，第 209 页。

（being）；相对而言，巴赫金主张变（becoming）才是意义的真实，并且语言的意义在某种程度上是一个众声喧哗的场域，于是巴赫金对语言的动态观也隐含了对语言的另一种想象：意义是行动，是使用。①

当跳脱出语言的对话和使用，语言便变得静止枯竭。语言之活，就在于其作为一种积极行动者的角色，而非单纯被人使用的工具。简而言之，历经"语言转向"后的语言研究者开始意识到，语言并不是对既已存在的现实的一种反射，也并不存在一个像索绪尔结构主义式的通用意义系统，而是存在多个话语系统，意义随着话语系统的转变而转变。换言之，构成语言的话语系统由话语实践所维持和转换，对这种维持和转换的分析应当通过语言使用的特定脉络来分析。②

二　话语、权力与主体

与索绪尔所寻求的一个放之四海而皆准的语言意义系统不同的是，福柯的话语研究已经逐渐摆脱"语言"层次的分析，而是转向话语的规则和实践，换言之，话语背后的"各种权力的关系，而不是意义关系"成为福柯所主要关注的。③

一般而言，福柯的作品可以分为早期的"考古学"（archaeology）阶段以及后期的"系谱学"（genealogy）阶段。福柯清楚地表明考古学的任务主要在于描述话语事件（discursive events），亦即描述一个话语是怎样形成的，福柯将此称为话语形构（discursive formations）；而福柯所说的话语由一组陈述所组成，而组成话语的陈述也必须符合某种规则，并发挥某种功能，福柯称之为"形构规则"（rules of formation）。④ 福柯在考古学阶段的话语分析，多指对这些"形构规则"进行挖掘，这些规则决定了在特定

① 钟蔚文：《想象语言：从 Saussure 到台湾经验》，载翁秀琪主编《台湾传播学的想象（上）》，巨流图书公司，2004，第 216 页。

② Marianne W. Jørgensen, and Louise J. Phillips, *Discourse Analysis as Theory and Method* (London: Sage, 2002), p. 12.

③ 〔英〕斯图尔特·霍尔：《表征：文化表征与意指实践》，徐亮、陆兴华译，商务印书馆，2013，第 63 页。

④ 倪炎元：《论述研究与传播议题分析》，五南图书出版股份有限公司，2018，第 73 页。

历史时期何种陈述被视为有意义和真实的。①

因为文件、档案本身描述了陈述的内在关系，文献变成了历史踪迹，被视为诉说自己故事的论述本身，故福柯将自己的方法称为"考古学"，即从特定的历史档案中，经过对其中陈述的识读、对一组陈述群的描述，检视其中一定数目的陈述的形构规则，进一步将话语提炼出来，同时检视话语在历史进程中所履行的功能。② 因而，文件档案在福柯的"考古学"中具有相当重要的地位，档案中的话语揭示了特定历史时期的知识建构规则，所谓历史真相，往往是一种话语形构。

而到了系谱学阶段，福柯则是转而开始考察"形构规则"是如何产生，又是如何改变的，"所谓系谱学原本是研究事物间的亲缘关系（血缘关系或亲属关系）和遗传特征的学问，而福柯的系谱学则对所有权力关系的枝微末节和偶发事件都不放过，换言之，从考古学到系谱学的转移，亦是在如何描述论述事件上的焦点的转移，考古学致力重建特定知识在特定时代的建构规则，而系谱学则是重建穿行于这些规则间相互较劲的权力，透过这些权力的竞逐，有些被融通吸纳，有些被排斥，有些被推向中心，有些则被挤向边缘，而知识就是这些权力较劲的结果"。③

简而言之，福柯的系谱学较之于考古学，更多引入了介入话语形构的权力斗争的分析，在这种斗争之中，论述得以产生，而权力又获得了进一步的正当化。也就是说，福柯理论中的"权力"并不是我们现在一般所认为的那种压迫性、强制性、直接施暴的力量，而更像一种社会实践，即权力并非一种结构主义式的静态力量，而是一种在动态中获得实现的关系。它是一种微观的、离散的、终端的、技术的权力，在不同局部间流动，具有变幻多端的形态，遍布在社会中。④

权力是需要在社会实践中获得的，权力实际上也在不停地创造有利于它自身的社会关系，由此便是知识的建构、话语的生产。知识的建构和话

---

① Marianne W. Jørgensen, and Louise J. Phillips, *Discourse Analysis as Theory and Method*（London: Sage, 2002）, p. 13.
② 倪炎元：《论述研究与传播议题分析》，五南图书出版股份有限公司，2018，第73~74页。
③ 倪炎元：《论述研究与传播议题分析》，五南图书出版股份有限公司，2018，第79页。
④ 倪炎元：《论述研究与传播议题分析》，五南图书出版股份有限公司，2018，第83页。

语的生产又在保障着权力的正常运作。现代国家所出现的种种知识无一不是在为权力运作服务，如看似中立的工具性的统计学的产生实际上也是因应一种政治需要，从一开始，"统计概念乃是一套因应国家统治之需要而孕生的政治语言"。① 从 19 世纪开始，西方社会"产生了一个正在数目字化的世界，这个世界的每个角落都在被测量"，并且统计的领域不仅仅限于人口和健康，数目字化发生在人类探索的每个分支领域，雪崩般的统计数字被呈报出来。②

简而言之，权力通过话语来实现，话语又在确立权力的合法化。在这里，话语作为一种"知识流"（flow）存在，或者话语就相当于全部的社会知识，话语为主体的形构创造了条件，并且架构和形塑了整个社会。③ 人通常意义上被认为是话语的使用主体，可是在福柯看来，主体是在话语中产生的。在这个意义上，福柯也颠覆了巴赫金、奥斯汀（J. L. Austin）、韩礼德等学者的"语言是人类使用的一种工具"的观点，而是将话语置于人的主体之上，话语成了铺天盖地地形塑真实和主体的主角。④ 海德格尔也有类似观点，他指出不是人说语言，而是语言说人，人是出于语言的言说而成的，即语言建立世界拢集事物。当世界成其为世界而事物成其为事物，人便诞生了。⑤ 换言之，海德格尔与福柯皆指出了话语对人主体性确立的重要意义，主体被移离了在话语方面的特权地位。"主体是在话语内生产出来的"这一主张是福柯最激进的立场之一，主体可以生产各种特殊的文本，但他们只能在一种特定的时期和文化的知识型、话语构成体、真理的体系的限制内操作。

在福柯看来，主体是离散的，即主体已经交由话语建构，这一点与其

---

① 叶启政：《均值人与离散人的观念巴贝塔：统计社会学的两个概念基石》，《台湾社会学》2001 年第 1 期。

② 〔加〕伊恩·哈金：《驯服偶然》，刘钢译，中央编译出版社，2000，第 104~105 页。

③ Siegfried Jäger, "Discourse and Knowledge: Theoretical and Methodological Aspects of a Critical Discourse and Dispositive Analysis," in Ruth Wodak and Michael Meyer eds. , *Methods of Critical Discourse Analysis* (London: Sage, 2001), p.35.

④ 钟蔚文：《想象语言：从 Saussure 到台湾经验》，载翁秀琪主编《台湾传播学的想象（上）》，巨流图书公司，2004，第 220 页。

⑤ 陈嘉映：《海德格尔哲学概论》，生活·读书·新知三联书店，1995，第 316 页。

老师阿尔都塞（Louis Pierre Althusser）的观点相似，并且在阿尔都塞看来，所谓主体是由意识形态所决定的。[①] 意识形态这一概念起初是在18世纪晚期出现的，当时主要指关于思想的科学（science of ideas），即现在被人们所熟悉的知识社会学，后来在马克思和恩格斯所著的《德意志意识形态》（*The German Ideology*）一书中，意识形态被视为一个具有双重含义的概念，其一为相对中立的意义，指用来解释或判断社会、经济和政治现实的抽象的、具有象征性的意义系统；其二则是相对贬义的使用，指的是某种歪曲或违反现实的思想网络体系，是一种用来蒙蔽或欺骗的"虚假意识"。[②]

马克思和恩格斯以及传统的批判学者所致力的就是揭示资产阶级用来蒙蔽大众的"虚假意识"，换言之，这世界上似乎只有一种意识形态，民众只有接受或者反抗，在资本主义社会里，这种意识形态便是资产阶级的意识形态，因而批判的目的就在于告诉大众他们所接受的这种意识形态是"虚假的"。但是在阿尔都塞看来，意识形态是一种再现的系统，这个系统通过建构人与人之间以及社会形态之间的想象关系来遮蔽我们在社会中彼此之间的真实关系。[③] 换言之，意识形态之于阿尔都塞更像一种观念框架或者结构，人们在此之中诠释、了解他们的生活，因而意识形态也就无所谓好与坏，只是人人都活在一种意识形态体系之中。[④]

阿尔都塞的意识形态比传统的批判学者所认为的"统治阶级生产出来的虚假意识"更具有批判性，因为他指出了意识形态的无处不在和难以察觉，我们都活在特定的跟自身群体、文化相关的意识形态之中，而并不是活在某个特定阶级利益的表达或投射的"虚假意识"之中。阿尔都塞也据此提出了意识形态的多元决定论（overdeterminted），即在整个社会形成的复杂过程中，存在包括经济、政治和文化层面的许多决定力量，它们彼此之间不断竞争，也彼此冲突，才能形成复杂的整体社会，[⑤] 换句话说，阿

---

① Marianne W. Jørgensen, and Louise J. Phillips, *Discourse Analysis as Theory and Method* (London: Sage, 2002), p. 12.

② John T. Jost, "The End of the End of Ideology," *American Psychologist* 61 (2006): 651–670.

③ Louis Althusser, *Lenin and Philosophy and Other Essays* (New York and London: Monthly Review Press, 1971).

④〔澳〕格雷姆·特纳：《英国文化研究导论》，唐维敏译，亚太图书出版社，1998，第22页。

⑤〔澳〕格雷姆·特纳：《英国文化研究导论》，唐维敏译，亚太图书出版社，1998，第21页。

尔都塞抛弃了经济基础决定上层建筑的单一决定论，而是将意识形态的争夺置于一个更加多元的过程中，统治阶级开动"镇压机器"（如警察、监狱等）以及"意识形态的国家机器"（如大众传媒）来进行意识形态的争霸。一旦人们对于某种意识形态习以为常时，所谓的"领导权"（hegemony）就产生了。①

按照阿尔都塞的观点，如果人是活在意识形态的体系之中的话，主体自然就让位于意识形态，成为意识形态所建构的客体。在这种建构的过程中，意识形态也必然通过对于语言的渗透和使用来达到其合法化的目的。

到了后马克思主义学者拉克劳和墨菲那里，"主体"一词也被进一步地消解，话语进一步获得了一种社会本体论上的地位，亦即社会乃至政治世界都是通过话语建构的。话语的意义是流动的，自然通过话语建构的世界的意义也是流动的，因而不同的语言用户都在试图通过话语与意识形态的"接合"来实现自己的意识形态主张。通俗地来说，接合实践建构了事物和意义之间的连接关系，而接合策略就是诉诸特定的话语框架，即致力于发现、激活、征用甚至生产事物意义与特定话语之间的连接关系。② 概言之，在拉克劳和墨菲那里，现代社会中的所谓"阶级""身份"等概念，早已不是如马克思所说的存在于经济基础的决定论之中，而是存在于话语的"接合"实践当中。如果说福柯的理论是将话语当作一种对他者的控制和支配，那么拉克劳和墨菲的理论则是强调人们如何利用"话语接合"来建构属于自己的"主体身份"。

总而言之，话语生产了现代社会的诸种关系与认同，同时，话语与社会间的互动导致了话语意义的流动，关系和认同也会随之发生改变。在当代社会之中，作为一种意识形态和权力的集中体现，媒介话语成为社会变迁的指示，它也是社会变迁的动力之一。梵·迪克指出，新闻中的现实或通过新闻所再现的现实本身就是根据诸如政府等新闻源所给出

---

① Antonio Gramsci, *Selections From the Prison Notebooks of Antonio Gramsci* (New York, NY: International Publishers, 1971).

② 刘涛:《环境传播：话语、修辞与政治》，北京大学出版社，2011。刘涛:《接合实践：环境传播的修辞理论探析》，《中国地质大学学报》（社会科学版）2015 年第 1 期。

的定义而进行的一种意识形态的建构。① 换言之，媒体从本质上说就不是一种中立的或者理性的社会事件协调者，而是在帮助重构预先制定的意识形态。

三　话语建构性的揭示

现实是由话语建构而成，话语分析就成了解释话语建构性的一个工具。不过话语分析的取径多元，在基（James Paul Gee）和韩福特（Michael Handford）主编的《话语分析手册》（*The Routledge Handbook of Discourse Analysis*）一书中，被纳入的话语分析取径多达 13 种，既有大家所熟悉的批判话语分析、会话分析、叙事分析等，也有较为新颖的"基于语料库的话语分析"等。② 一般而言，同一概念下的不同研究取径间的差异往往源于对于这同一概念定义或理解的不同。如将传播视为一种"传递"，所衍生出来的往往是基于 5W 模式的传播研究，按照传播者（发布者、受众）、信息信道（媒介）、传播内容（媒介内容）等的划分，形成的是受众研究、内容分析、接收分析；又比如将传播视为一种"仪式"，则强调的是在仪式之中信仰如何维系，意义如何生产，秩序如何建立，一种新的共同体如何产生，所衍生的是偏向于文化面向的传播研究。③

具体到话语分析，其分析取径的多样性往往也可以从不同取径对于"话语"不同的定义来区分。当下学术界对于"话语"通常有三个面向的定义：第一，话语是超越语句的语言；第二，话语是语言的应用；第三，话语是通过语言扮演核心角色的社会实践形式。④

美国结构主义学者哈里斯（Zellig Sabbettai Harris）通常被认为是最早使用"话语分析"这一术语的学者，他在"Discourse Analysis"一文中明确指出："语言不是在零散的词或句子中发生的，而是在连贯的话语中

---

① 〔荷〕托伊恩·A. 梵·迪克：《作为话语的新闻》，曾庆香译，华夏出版社，2003，第 12 页。
② James Paul Gee, and Michael Handford, *The Routledge Handbook of Discourse Analysis* (London: Routledge, 2013).
③ James W. Carey, *Communication as Culture: Essays on Media and Society (Revised Edition)* (New York, NY: Routledge, 2009), pp. 11–28.
④ 倪炎元：《论述研究与传播议题分析》，五南图书出版股份有限公司，2018，第 30 页。

的。"[1] 因而"话语"在他的眼里，是一种超越语句的语言学单位，而话语分析的目的就在于揭示并且诠释语句之间所存在的规律与模式，亦即话语本身的结构特点。

但是正如卡梅伦（Deborah Cameron）和潘诺维奇（Ivan Panovic）对此所批评的那样，多数人在分析一个特定文本时，不可能只根据其语言结构的成分进行检视，一定还会涉及读者所具有的背景知识以及对文本生产者的意图进行揣摩。[2] 所以话语分析仅仅停留在语法结构层面必然是不够的，还要追问语言在特定语境脉络中的功能如何。概言之，话语分析在这里就被定义成了"对于语言使用的分析"。[3]

而将话语定义为通过语言扮演核心角色的社会实践形式，则是强调话语是一种具备建构意义、认同或是权力关系的形构力量，换言之，话语在这里已经不是一种语言学的结构，也不是交流的工具，而是话语所言及对象的社会实践。[4] 大多数社会学者都在这一定义之下使用话语以及话语分析。

而作为话语分析中的一个取径，批判话语分析（Critical Discourse Analysis，CDA）特别注重对话语的这种形构力量以及所形成的不平等关系的揭示。费尔克拉夫（Norman Fairclough）认为，批判话语分析之所以不同于非批判的话语分析，不是在于 CDA 将话语当作一种社会实践来描述，而在于批判的方法揭示了话语本身对于社会身份、社会关系以及知识和信仰体系的建构性作用。[5] 而在一般性情况下，这些都被众人当作一种理所当然。换言之，在 CDA 学者看来，话语在承担着意识形态的功能，所以批判话语分析的目标之一就是通过对意识形态的"祛魅"（decipher）来达到对话语的"解神秘化"，话语、权力与意识形态是 CDA 的三个基石。[6]

---

[1]　Zellig S. Harris, "Discourse Analysis," *Language* 28 (1952): 1-30.

[2]　Deborah Cameron, and Ivan Panovic, *Working With Written Discourse* (London: Sage, 2014), p. 5.

[3]　James Paul Gee, and Michael Handford, *The Routledge Handbook of Discourse Analysis* (London: Routledge, 2013), p. 1.

[4]　倪炎元：《论述研究与传播议题分析》，五南图书出版股份有限公司，2018，第40~41页。

[5]　〔英〕诺曼·费尔克拉夫：《话语与社会变迁》，殷晓蓉译，华夏出版社，2003，第12页。

[6]　Gilbert Weiss, and Ruth Wodak, "Introduction: Theory, Interdisciplinarity and Critical Discourse Analysis," in Gilbert Weiss and Ruth Wodak eds., *Critical Discourse Analysis: Theory and Interdisciplinarity* (London: Palgrave Macmillan, 2003), pp. 11-14.

进一步阐述，CDA 与其他话语分析不一样的地方也在于这个术语中的"话语"与"批判"两个词汇都具有特别的意涵。

在 CDA 中，话语被视为一种社会实践，这也意味着，话语超越了单纯的文本或者口语表达本身，而是被视为一种独立的社会力量。同时，话语与状况、制度以及社会结构之间是一种辩证的关系，话语实践被以上诸要素所制约，但反过来，话语实践也在建构着特定的状况、制度以及社会结构。在某种意义上，话语具有类似吉登斯讨论结构时的双重性特征。① 话语一方面决定人们的处境，建构知识的客体、社会认同以及权力关系等；另一方面，这些被建构起来的东西利用话语维持这种关系的再造。因此，话语在生产社会秩序的同时，社会秩序也通过话语进行再生产。话语有如此的社会效果，自然就与权力紧密地结合在了一起。在这个意义上，话语实践产生的主要是意识形态的后果，即话语实践产生和维持了诸如阶级、性别、族群之间不平等的社会关系。②

而批判话语分析中的批判（critical）一词，就有了揭示话语背后所含有的权力不平等、意识形态的宰制等意涵。③ 首先，如费尔克拉夫所说，批判一词意味着事物背后的因果链条和关系错综复杂，并非眼见就能洞察，因而，批判的本质就是将事物背后的复杂关系揭示出来。④ 具体来说，CDA 的批判意味着对话语、权力以及意识形态之间的隐藏关系进行剖析，挑战那些表面意义，而不是将其视为理所当然。

其次，CDA 的批判也意味着一种"反身性"（self-reflective）和"自我批判"（self-critical）。在后结构主义者看来，符号的指涉运动是无休止的，根本没有停下来的一刻，因而语言的批判活动必须具有一种不断寻求真理的自我批判能力，而不是将语言的意义定于一尊。实际上，在批判学者看

---

① Anthony Giddens, *The Constitution of Society* (Berkeley, CA: University of California Press, 1984).

② Gilbert Weiss, and Ruth Wodak, "Introduction: Theory, Interdisciplinarity and Critical Discourse Analysis," in Gilbert Weiss and Ruth Wodak eds., *Critical Discourse Analysis: Theory and Interdisciplinarity* (London: Palgrave Macmillan, 2003), p. 13.

③ Ruth Wodak, "Critical Discourse Analysis," in Constant Leung and Brian V. Street eds., *The Routledge Companion to English Studies* (London: Routledge, 2014), p. 304.

④ 〔英〕诺曼·费尔克拉夫：《话语与社会变迁》，殷晓蓉译，华夏出版社，2003，第 15 页。

来，"批判"一词本身意味着一种不断的反思否定。阿多诺（Theodor Wiesengrund Adorno）提出所谓的"否定辩证法"，就采取了一种不断否定的批判态度，以自由反省的理性来思考个人、社会本身处境，认清时代脉络中相对的真理。① 因而，话语学者洛克（Terry Locke）也指出，"反身性"乃是"批判"实践本身所具有特质，因为人无时无刻不是活在一种自以为理所当然的意识形态体系之中。② 研究者的每一次发问和对社会现象的诠释都暗含着难以克服的自身意识形态的预设，在这种预设变成批判的武器之时，研究者也不能忘记对于武器的批判。

最后，批判分析本身也意味着一种促进社会变迁的实践。雷西格（Martin Reisigl）和沃达克（Ruth Wodak）区分了三种不同类型的批判：文本内在批判、社会诊断批判以及前瞻性批判。③ 文本内在批判指的是基于文本本身的批判，通常是字面意义上的批判；社会诊断批判则是基于文本中的"证据"，对于文本生产背后的多重利益和矛盾进行揭示；而前瞻性批判则是指出那些社会大众所关心的领域，并且这些领域是可以直接发起群众参与的。换言之，批判理论对于社会进行理论诊断的目的，还是在于希望通过对事实或现实的批判与否定，来唤醒或转变群众的意识，也就是希望社会理论家的分析、诊断能为群众取用，以改变他们的错误意识，从而唤起群众自发性的行动来改变社会现状。④

以上就是 CDA 中"话语"与"批判"所具有的特殊意涵。不过如同话语分析取径多元一样，CDA 的取径也是多元的，梅耶尔（Michael Meyer）用正是"CDA 的诸多分歧让 CDA 与众不同"（CDA as a difference that makes a difference）这一句话来指出 CDA 的多元所在。⑤ 这种多元表现在，第一，CDA 是一个特别以问题为导向的研究取径，问题意识与研究取向的不同也

---

① Theodor Adorno, *Negative Dialectics*（London：Routledge，2004）.

② Terry Locke, *Critical Discourse Analysis*（London：Continuum，2004），p. 34.

③ Martin Reisigl and Ruth Wodak, *Discourse and Discrimination：Rhetorics of Racism and Antisemitism*（London：Routledge，2001），pp. 32-34.

④ 黄瑞祺：《批判社会学：批判理论与现代社会学》，三民书局，2007，第83页。

⑤ Michael Meyer, "Between Theory, Method, and Politics：Positioning of the Approaches to CDA," in Ruth Wodak and Michael Meyer eds. , *Methods of Critical Discourse Analysis*（London：Sage，2001），p. 14.

导致 CDA 学者的研究侧重有所不同，如梵·迪克所揭示的是文本中的意识形态，他所处理的个案，很多是当代民主国家最敏感的种族主义话题；而沃达克主要关注的则是当代的政治人物、政党乃至社会运动团体等如何建构敌我差异的认同，进一步发挥意识形态上动员的功效。又如费尔克拉夫有意探讨的是话语与宏观社会政治变迁之间的关系。[①] 第二，CDA 各主流学者的理论模型以及在观察和理论之间建立的研究方法不一样（方法上的具体差异将在本书的第三章中详细讨论）。

当然，CDA 之所以能够成为一个成型的研究领域，还是在于 CDA 这些研究取径基本上有着一些共同的特性，约根森（Marianne Jørgensen）和菲利普斯（Louise Phillips）认为，CDA 有如下五个特性。[②]

> 第一，社会和文化过程及结构的特性在一定程度上是"语言—话语性"的；
> 第二，话语既是建构性的又是被建构的；
> 第三，语言使用必须在社会情境中进行经验分析；
> 第四，话语是作为意识形态式的运作；
> 第五，CDA 是一种批判研究。

实际上这五种特性表明了 CDA 作为一种研究领域在本体论、方法论、价值论上的定位。社会科学理论的本体论所探讨的是，研究者所认识的对象的本体如何，而方法论上的问题则是追问，作为认识主体的研究者应该用什么方法来认识研究对象。价值论上的问题则是讨论研究者在研究过程中是否是价值中立的。

CDA 作为一个研究领域，其本体论所追问的是 CDA 以一种什么样的视角看待社会现象本身，而"社会和文化过程及结构的特性在一定程度上是'语言—话语性'的"这一特性指出来的，就是"语言—话语"构成

---

① 倪炎元：《论述研究与传播议题分析》，五南图书出版股份有限公司，2018。

② Marianne W. Jørgensen, and Louise J. Phillips, *Discourse Analysis as Theory and Method* (London: Sage, 2002), p. 60.

了社会本体的一部分。换言之，在本体论层次上，CDA 将人类社会的本质视为某种程度上的语言建构。在 CDA 学者看来，文本生产和消费（接收和诠释）的话语实践被视为一种重要的社会实践形式，在社会世界包括社会认同和社会关系的构建中起作用。通过话语实践，一些日常生活中的社会和文化再生产以及变迁得以发生。所以，话语分析的目标就在于聚焦社会和文化现象中以及晚近现代社会变迁中的语言—话语面向。①

当然，CDA 学者也承认了话语的二重性，即话语这种社会实践构成了社会世界，与此同时，话语实践同时被其他社会实践所形塑。这种本体论上的规定和想象，也决定着 CDA 的方法论，即人们通过何种方式来接近社会现象的本质，"语言使用必须在社会情境中进行经验分析"这一特性实际上也回到了 CDA 在方法论上的问题，即在 CDA 学者看来，想要揭示话语作为一种建构力量如何对于特定社会关系进行生产和再生产，必然要与特定的历史情境有所联系，要在社会历史的变迁中察觉话语的建构作用。

以费尔克拉夫为例，他在三种层次上对话语进行分析。第一个层次是文本分析；第二个层次是话语实践的分析，包括话语的生产、分配与消费等；第三个层次是在社会实践的层面对话语进行分析。② 文本分析被组织在四个主要标题之下，即词汇、语法、连贯性和文本结构，这一层次的分析更多具有描述性质的意味。话语实践的分析则是牵涉文本生产、分配和消费的过程，以一篇报纸文章为例，报纸文章是通过具有集体性质的复杂事务而产生的，这个过程本身就受到某种特殊社会结构或者新闻组织的"惯习"的制约，而报道在被生产出来之后，又在不同的社会情境之下被传布和被受众消费，成为一种有影响力的社会形塑力量。而第三个层次，费尔克拉夫则是在与意识形态和权力的关系中讨论话语，"将话语置于一种作为霸权的权力观中，置于一种作为霸权斗争的权力关系演化观中"，这些也是话语力量最能发挥影响的领域。

---

① Marianne W. Jørgensen, and Louise J. Phillips, *Discourse Analysis as Theory and Method* (London: Sage, 2002), p. 61.
② 〔英〕诺曼·费尔克拉夫:《话语与社会变迁》，殷晓蓉译，华夏出版社，2003，第 68 页。

"话语是作为意识形态式的运作"以及"CDA 是一种批判研究"则是 CDA 在价值论上的宣称。一般而言，社会科学的研究都宣称自己在价值上是中立的，或者虽然有价值负载（value-loading），但是他们在努力做到无偏，尽量避免价值观的影响而达到一种客观性的追求。在批判学者看来，实证主义者充其量只能是一个社会的"观察者"，批判学者抛弃所谓的"客观中立"，就是要对社会权力的结构进行分析和批判，使人们意识到我们正处于一个怎样的社会。批判学者希望解除权力对于人们的"蒙蔽"，而让人们更加清楚地意识到社会问题背后的权力关系，所以，批判的最终目的还是变革，正如马克思在《关于费尔巴哈的提纲》里最后一句所说的："哲学家们只是用不同的方式解释世界，问题在于改变世界。"① 简而言之，批判学派与实证主义最大的分歧可能正如哈贝马斯所说，社会科学家最主要的任务就是批判并揭露意识形态，而实证主义者只考虑到手段的有效性。这种工具性思维往往忽略了目的本身所蕴含的价值和意义问题。

CDA 将话语作为意识形态式的运作，实际上已经承认了话语实践并不是中立的，而是生产和再生产了社会群体之间不平等的社会关系，话语实践在充当一种意识形态的作用机制，特纳（Graeme Turner）指出，当我们使用"小姐""女士""太太"时，或者我们假设每个委员会都有一个 chairman（主席）时，② 我们都在不断地建制化某种具有掌控主导力量的意识形态。③

因此，CDA 的研究焦点既留意到话语在建构世界、社会主体、权力关系中的作用，也在看话语实践是如何实现特定社会群体的利益的。就价值论的层面而言，CDA 并不将自己视为价值中立的，而是带着深厚的批判意识，亦即 CDA 就是要揭示那种话语背后的理所当然，充满着意识形态的宰制。CDA 的批判旨趣在于揭示话语实践在维持不平等的社会关系中的作用，也在于利用批判性话语分析的结果促进社会的变革。

---

① 〔德〕卡·马克思：《关于费尔巴哈的提纲》，载中共中央马克思恩格斯列宁斯大林著作编译局编译《马克思恩格斯选集》（第一卷），人民出版社，2012，第136页。
② 英文 chairman 这一单词中含有 man（男人）这个词汇。
③ 〔澳〕格雷姆·特纳：《英国文化研究导论》，唐维敏译，亚太图书出版社，1998，第22页。

第三节　核能的话语形塑

一　核能的话语主题

有关核能的话语，可以追溯到百年之前。① 这百余年间产生了相当可观的核能话语相关理论和实践知识，再现和建构了一个强大核能技术体系，与此相对应的是，核能话语也产生了史无前例的物质、社会以及政治上的后果。从 CDA 的视角来看，核能话语也是一种与制度、实践以及再现（representations）和意义（meanings）相关的权力/知识形构，② 即核能话语早已超越核能本身，而是作为一种进步与风险的双重话语实践介入人类的社会变迁。

金塞拉总结了百年来西方核能话语的四个主题："神秘"（mystery）、"能量"（potency）、"秘密"（secrecy）以及"终极"（entelechy）。这四个主题相互联系，在勾连运作之中产生了对于核能想象的"修辞力量"。③ 金塞拉指出，他的话语分析是一种福柯式的策略，即看这些话语主题如何凸显、生产和导致一种复杂的核能权力/知识。按照福柯的观点，这些主题通过影响"谁是核话题讨论的权威，关于核话题可以讨论什么又不可以讨论什么，在什么样的设定之下才可以讨论"来达到对于核能话语的"规训"（discipline）。与此同时，这些主题也成为反对核能话语霸权的矛头所指，换言之，这些话语也限定了关于核能讨论的话语资源与斗争框架。话

---

① William J. Kinsella, "One Hundred Years of Nuclear Discourse: Four Master Themes and Their Implications for Environmental Communication," in Susan L. Senecah ed., *The Environmental Communication Yearbook Volume* 2 (Mahwah, NJ: Lawrence Erlbaum, 2005). Spencer R. Weart, *Nuclear Fear: A History of Images* (Cambridge, MA: Harvard University Press, 1988).

② William J. Kinsella, "One Hundred Years of Nuclear Discourse: Four Master Themes and Their Implications for Environmental Communication," in Susan L. Senecah ed., *The Environmental Communication Yearbook Volume* 2 (Mahwah, NJ: Lawrence Erlbaum, 2005), p. 49.

③ William J. Kinsella, "One Hundred Years of Nuclear Discourse: Four Master Themes and Their Implications for Environmental Communication," in Susan L. Senecah ed., *The Environmental Communication Yearbook Volume* 2 (Mahwah, NJ: Lawrence Erlbaum, 2005), p. 51.

语在建构现实时也在限定着现实。

在关于核能的话语中，金塞拉首先指出来的是核能的"神秘"性主题。① 顾名思义，将"神秘"一词与核能联系在一起，就给大众关于核能的想象安置了一道藩篱。核能成了大众经验感知之外的东西，而归属于直接经验之外的范畴。在古代，超验事物的解释往往诉诸宗教或者迷信，科学的诞生打破了宗教或者迷信的独断，获得了对于超验事物的解释权。核能作为一种感官经验之外的事物，从一开始，对"核"的理解只能诉诸现代科学。因而核能"神秘化"的一个论述策略就是将核能相关的现象论述为"硬科学"中的"最硬的"一部分，以此来拉开与公众的距离。

作为 20 世纪以来人类所发明的最具能量形式的能源，核能自问世之初就为人们所欢欣鼓舞。核能的问世不仅仅意味着一种新的能源形式的诞生，更为重要的是它将人类带进了一个新的时代，意味着人类掌握了大自然中最基本的力量。核能所蕴藏的能量让人类第一次觉得离上帝是如此之近，"能量"一词成为核能的另一主题。

金塞拉指出，核能所解放的并不仅仅是原子核内的能量，它也冲击了技术、组织、制度、政治和文化话语的权力/知识形构。② 换言之，作为一种极具能量的能源形式，核能不仅改变着人类的物质世界，也在重构着人类对于自然和自身认识的话语实践，核能的巨大潜能让人类第一次有了睥睨天下的感觉。但是随着核能"能量"这一主题而来的，则是对于核能毁灭性和破坏性潜能的担忧，人类越来越开始觉得自己处于一种新的危险的境地，那就是诚如海德格尔、贝克、吉登斯等学者所指出的，科技愈发具有宰制人的趋势，成为风险的来源本身。

核能本身具有"神秘"性的特色，指的是核能本身超出常人的理解范围。但是核能的另一话语主题"秘密"颇具人为的特色。卡普悌（Jane Caputi）

① William J. Kinsella, "One Hundred Years of Nuclear Discourse: Four Master Themes and Their Implications for Environmental Communication," in Susan L. Senecah ed., *The Environmental Communication Yearbook Volume* 2 (Mahwah, NJ: Lawrence Erlbaum, 2005), p. 52.

② William J. Kinsella, "One Hundred Years of Nuclear Discourse: Four Master Themes and Their Implications for Environmental Communication," in Susan L. Senecah ed., *The Environmental Communication Yearbook Volume* 2 (Mahwah, NJ: Lawrence Erlbaum, 2005), p. 57.

指出，任何一个核能文化的分析者都应当明白，保密性是核能文化中一个最显著的特征。① 这一主题并不难理解，日常生活中在核能单位或者企业工作的人士总是带有些保密色彩，更不要说在公共空间里去讨论核能了，这不是不可以，而是总是会让人担心触碰到某种"禁忌"。泰勒（Bryan C. Taylor）认为，维持核能的这种"秘密"特性更像核能话语的一种后果，当然，这种"秘密"特性既是当下核能制度体系的权力产品，更是权力的来源。②

换言之，核能因"秘密"话语特性而获得了一种规训权力。对于在核能系统内工作的人而言，这种规训是通过信息搜集、记录保存以及分类等活动完成的，这些活动既限制又约束了他们的认同。更为重要的是，这种"秘密"话语特性所规训的不仅仅是核能组织内部成员，普通公众在质疑核能方面也是无力的，只能采取配合的态度。③ 核能的"秘密"话语主题一方面强化了核能系统内部成员的认同；另一方面，对公众对于核能的参与权力进行了消解。

金塞拉所指出的核能话语的最后一个主题是"终极"（entelechy），所谓"终极"一词，通常会与产出、终点、后果、完满、完美、顶点、暗含、注定以及命运联系在一起。④ 这一话语主题被用在核能的话语上似乎再恰当不过了，因为它暗含着无论将核能视为一种好的还是坏的能源，核能似乎都是最具能量的一种力量。

拥核者将核能看作人类驾驭自然的顶点，而反对者则是将核能视为一种天启般的灾难，换言之，核能始终是巨大破坏力与巨大创造力并存的。金塞拉指出，核能的"终极"话语特性来自核能的不确定性，即人类本身

①　Jane Caputi, *Gossips, Gorgons and Crones: The Fates of the Earth* (Santa Fe, NM: Bear & Company, 1993), p. 128.

②　Bryan C. Taylor, "Organizing the 'Unknown Subject': Los Alamos, Espionage, and the Politics of Biography," *Quarterly Journal of Speech* 88 (2002): 33–49.

③　William J. Kinsella, "One Hundred Years of Nuclear Discourse: Four Master Themes and Their Implications for Environmental Communication," in Susan L. Senecah ed., *The Environmental Communication Yearbook Volume* 2 (Mahwah, NJ: Lawrence Erlbaum, 2005), p. 63.

④　William J. Kinsella, "One Hundred Years of Nuclear Discourse: Four Master Themes and Their Implications for Environmental Communication," in Susan L. Senecah ed., *The Environmental Communication Yearbook Volume* 2 (Mahwah, NJ: Lawrence Erlbaum, 2005), p. 63.

也无法预测核能到底将把人类带往何处去，这种不确定性又给核能的话语争夺留下了空间，规定着人们对于核能或惊喜或恐惧的想象。① 多伊尔（Julie Doyle）也指出破坏与创造之间的紧张关系一直是核能话语所固有的。②"终极"这一话语主题暗示着核能将继续处于争议之中。

金塞拉这种对于百年来核能话语主题的总结，是一种福柯式的话语分析，考察的是话语主题是如何生成与核能相关的权力宰制与知识，并且这种权力和知识又是如何规训大众对于核能的认知和接纳的。在现实社会中，这种抽象式的话语主题往往会落到关于核能的具体的语言使用中，核能成为话语构建的对象，其形象也随着历史变迁发生变化。

维尔特（Spencer R. Weart）在《核恐慌：历史上的形象》（*Nuclear Fear: A History of Images*）一书中梳理了核能在人类不同历史阶段的形象。③ 从 1902 年人类发现放射性物质具有能量开始到 1938 年的二战前夕，这一阶段被维尔特称为"幻想的年代"（Years of Fantasy），人类对这种新的能源形式抱有特别的期待。而 1939~1952 年，战争中对于核武器的运用让这种期待触碰到了冷酷的现实，维尔特称之为"触碰现实"（Confronting Reality）的阶段，而接下来的"和平利用原子能计划"（Atoms for Peace）似乎让人们看到了核能造福于人类的新希望，但是对于核能所隐含的危害大家还是心有余悸，此为"新的希望与恐慌"（New Hopes and Horrors）阶段（1953~1963 年）。而在 1956~1986 年这 30 年中，发达国家开启核反应堆用来发电，核能随着争议成为一种新的能源选择，但是 1986 年的切尔诺贝利事故为核电的发展蒙上了一层阴影，维尔特将此阶段的核能称为"被质疑的科技"（Suspect Technology）。在该书的最后一章，维尔特以"寻求复兴"（The Search for Renewal）为题对核能 1988 年之后的发展前景做了预测。20 余年后，福岛事故的发生再次刷新了人们对于核能

---

① William J. Kinsella, "One Hundred Years of Nuclear Discourse: Four Master Themes and Their Implications for Environmental Communication," in Susan L. Senecah ed. , *The Environmental Communication Yearbook Volume* 2 (Mahwah, NJ: Lawrence Erlbaum, 2005), p. 66.

② Julie Doyle, "Acclimatizing Nuclear? Climate Change, Nuclear Power and the Reframing of Risk in the UK News Media," *International Communication Gazette* 73 (2011): 107-125.

③ Spencer R. Weart, *Nuclear Fear: A History of Images* (Cambridge, MA: Harvard University Press, 1988).

的认知，维尔特也因此再版了该书。① 维尔特的著述表明，人们对于核能的认知和话语在不同的历史时期并不是一致的，这也就为核能话语的意义争夺留下了空间。

换言之，核能也是一种经由命名、制定策略、区分关系与边界等语言活动而形成的社会现象，这种话语工作发生在如下领域，包括基础科学、技术进步、政策辩论、公共话语、政府以及监管活动中。②

比如西方核能的支持者使用了一些话语技巧来消除人们对于核能的负面想象。在1950年代晚期，原子能（atomic power）这一用语变成了核能（nuclear power），以消除人们对于造成灾难的原子弹（atomic bomb）的恐惧联想，与此同时，核工业区往往被冠以公园的名号，就连核能"事故"（accident）一词也被核能"事件"（incident）所取代，如德国的官方文件在提及核能事故时就用"故障"（störfall）一词。③

而作为世界上唯一经历过原子弹爆炸的国家，日本在其战后引进核能时，故意使用"原子力""原发（核电）"等词语来美化曾经让民众遭受痛苦的"原子"一词，以试图让民众对"原爆"这一词语脱敏。而在日本国内反核时，日本著名作家村上春树在提到"核能"时，都用"核"这个字来表现，故意让民众将核能跟日文的"核试验""核爆弹""核兵器""核军缩"等武器、战争联系在一起，而坚决不用"原子力""原发（核电）"等词语。

内尔金和波拉克考察了1960年代晚期在法国、德国等西欧国家兴起的反核运动中的话语，虽然反核主题是明确的，但是不同的利益主体还是使用话语赋予了核能不同的想象。④ 核能成为一个不断被话语"接合"的斗

① Spencer R. Weart, *The Rise of Nuclear Fear* (Cambridge, MA: Harvard University Press, 2012).

② William J. Kinsella, Dorothy Collins Andreas, and Danielle Endres, "Communicating Nuclear Power: A Programmatic Review," *Annals of the International Communication Association* 39 (2015): 277-309.

③ Dorothy Nelkin, and Michael Pollak, "Ideology as Strategy: The Discourse of the Anti-Nuclear Movement in France and Germany," *Science, Technology, & Human Values* 5 (1980): 3-13.

④ Dorothy Nelkin, and Michael Pollak. "Ideology as Strategy: The Discourse of the Anti-Nuclear Movement in France and Germany," *Science, Technology, & Human Values* 5 (1980): 3-13.

争场域。

将核能视为一种天启般灾难的反核人士，往往将核能与灾难般的场景联系在一起：一个穿着制服，装备着防毒面具和盖格计数器①的男子站在一座被死树和垃圾山包围的核电站前……核能像骷髅一般显现。在这种想象下的反核话语中，核电站被描述成了"准武器"，发出"可见的，慢慢运转的死亡威胁"；在法国出现的一幅关于巴黎地图的海报中，出现了一个被核能辐射标识发出的三个"刀片"刮碎的头骨，并且配上了一句话：核能就在你门口。

内尔金和波拉克指出，起初，反核话语集中于技术的风险以及可能引起的未来生态危机。后来当这种反核运动波及全社会时，反核话语就变成了对核能科技以及其政治后果的讨论。② 核能问题代表了先进工业社会的一些集中问题：技术变迁同时对物质环境和传统社会价值观的影响，经济活动的集中化，决策权力的集中化，以及无所不在的政府官僚机构。所以此时反核不但是一项对于技术选择的响应，而且是对于灾难、现代工业社会的危机以及其政治后果的反思，于是反核的话语中又包含了超越核能本身的意象，"集权化""核官僚""黑箱"成为 1970 年代法、德等国反核论述中的一些流行词语。

二　核能的媒介话语

媒体作为风险建构的场所、③ 意识形态争霸的场域、④ 外部现实的感知中介，⑤ 在核能形象的建构与塑造中扮演重要角色。在 20 世纪相当长的时间内，核能主题一直是西方大众媒介所热衷的主题，核能媒介话语的变迁

---

① 一种用于探测电离辐射的粒子探测器。

② Dorothy Nelkin, and Michael Pollak, "Ideology as Strategy: The Discourse of the Anti-Nuclear Movement in France and Germany," *Science, Technology, & Human Values* 5 (1980): 3–13.

③ Simon Cottle, "Ulrich Beck, 'Risk Society' and the Media: A Catastrophic View?" *European journal of communication* 13, (1998): 5–32. Robert A. Stallings, "Media Discourse and the Social Construction of Risk," *Social Problems* 37 (1990): 80–95.

④ Antonio Gramsci, *Selections From the Prison Notebooks of Antonio Gramsci* (New York, NY: International Publishers, 1971).

⑤ Hanna Adoni, and Sherrill Mane, "Media and the Social Construction of Reality: Toward an Integration of Theory and Research," *Communication research* 11 (1984): 323–340.

也折射出权力、民意以及社会历史变迁之间错综复杂的关系。

伦齐（Barbara Gabriella Renzi）等学者指出，核能话语主要包括如下面向：核电工厂安全、核废料的长期管理、纳税人出资的核能清洁费用、核电厂的退役成本、乏燃料处理过程中的安全威胁，以及核武器扩散等。[①] 这种多面向的话语构成了政治人物、媒体以及公民组织等对于环境问题社会建构的多重理解。在不同的历史时期，核能媒介话语的侧重点也有所不同。

在 1945 年至 1990 年代初，有相当一部分的核能媒介话语主题是与核武器、冷战联系在一起的，所讨论的多为"核威慑""战略核力量""军控"等问题[②]。这一阶段，政治家、军方以及其他利益相关者对核话语的使用反映了一种有意识的和系统化的努力，以使继续设计、发展、制造和"部署"新形势的核武器技术的需求"自然化"。

但随着 1994 年美国和俄罗斯政府达成共识，它们不再将核武器瞄向对方，全球核战争的危险事实已被撤下公共议事日程，[③] 核能的媒介话语更多地转向了民用中的核能。当然，在局部地区，"战略核力量"等类似话语的讨论并没有过时，伊扎迪和比里亚[④]以及拉希迪和拉斯蒂[⑤]在对美国报

① Barbara Gabriella Renzi, Matthew Cotton, Giulio Napolitano, et al., "Rebirth, Devastation and Sickness: Analyzing the Role of Metaphor in Media Discourses of Nuclear Power," *Environmental Communication* 11 (2017): 624-640.

② Jeff Connor-Linton, "Author's Style and World-View in Nuclear Discourse: A Quantitative Analysis," *Multilingua-Journal of Cross-Cultural and Interlanguage Communication* 7 (1988): 95-132. Hugh Mehan, Charles E. Nathanson, and James M. Skelly, "Nuclear Discourse in the 1980s: The Unravelling Conventions of the Cold War," *Discourse & Society* 1 (1990): 133-165. Bryan C. Taylor, "Nuclear Weapons and Communication Studies: A Review Essay," *Western Journal of Communication* (*includes Communication Reports*) 62 (1998): 300-315. Bryan C. Taylor, William J. Kinsella, Stephen P. Depoe, et al., "Nuclear Legacies: Communication, Controversy, and the US Nuclear Weapons Complex," in Pamela J. Kalbfleisch ed., *Communication Yearbook 29* (Mahwah, NJ: Lawrence Erlbaum Associates, 2005).

③ 〔英〕阿兰·艾尔温、〔英〕斯图亚特·阿兰、〔英〕伊恩·威尔什：《核风险：三个难题》，载〔英〕芭芭拉·亚当、〔德〕乌尔里希·贝克、〔英〕约斯特·房·龙主编《风险社会及其超越：社会理论的关键议题》，赵延东、马缨等译，北京出版社，2005，第 119 页。

④ Foad Izadi, and Hakimeh Saghaye-Biria, "A Discourse Analysis of Elite American Newspaper Editorials: The Case of Iran's Nuclear Program," *Journal of communication inquiry* 31 (2007): 140-165.

⑤ Nasser Rashidi, and Alireza Rasti, "Doing (in) Justice to Iran's Nuke Activities? A Critical Discourse Analysis of News Reports of Four Western Quality Newspapers," *American Journal of Linguistics* 1 (2012): 1-9.

纸关于伊朗核问题的媒介话语进行分析后发现，美国等西方国家依然存在意识形态的偏见，即把核问题中的伊朗视为一种战略威胁，认为伊朗拥核意味着世界政治版图现状的改变。

本研究中核能媒介话语多指向核电作为一种能源存在的民用面向，当然，也如金塞拉等学者所指出的，核能的军用与民用的界限其实并非那么清晰。① 核废料既包括民用核能产生的也包括军用产生的，反核抗议团体指出，核能科技的选择既有民用的驱动力也有军事上的驱动力。所以核能的话语注定无法限定在民用或者军用的某一特定领域，对于中国而言，在1980年代之前，核话语很多是跟军用相关的。不过对于大众媒体而言，其所关注的重点依然是核能这一纠缠着科技、能源、政治等诸面向的复杂事务是如何介入社会生活的。

核能媒介话语研究最为人所熟知的当属甘姆森与莫迪利亚尼的文章②。这篇文章考察了1945年到1989年美国的电视新闻、新闻杂志、社论漫画以及意见专栏中关于核能的媒介话语，成为了解美国核能媒介话语变迁的一个不可多得的文献。甘姆森与莫迪利亚尼将核能话语视为一种动态的文化进程，因而核能话语会随着特定社会重大事件的发生而变迁。

此外，这篇文章还提供了值得媒介话语分析和"框架分析"借鉴的一种分析策略，因而这篇文章也被这两个领域的学者广泛引用。在这篇文章之中，甘姆森与莫迪利亚尼提出了"媒介语束"（media packages）这一概念，这一概念的核心便是语束中存在一个"组织的中心概念"（a central organizing idea），亦即"框架"（frame），"框架"周围围绕着的是隐喻、例证、标语、描述以及视觉图像等符号工具，所有这些构成了一个"媒介语束"。并且"媒介语束"的生产要受到三个方面因素的影响：文化共鸣、媒体赞助活动以及媒体实践。因而，甘姆森与莫迪利亚尼指出了理解"媒介语束"生产的批判性面向。

---

① William J. Kinsella, Dorothy Collins Andreas, and Danielle Endres, "Communicating Nuclear Power: A Programmatic Review," *Annals of the International Communication Association* 39 (2015): 277-309.

② William A. Gamson, and Andre Modigliani, "Media Discourse and Public Opinion on Nuclear Power: A Constructionist Approach," *American Journal of Sociology* 95 (1989): 1-37.

具体而言，甘姆森与莫迪利亚尼将媒介话语视为了使某个话题变得有意义的"一组诠释性语束"，在这种认知方法之下，他们总结了美国媒体上关于核能的几个"话语束"，以及从 1945 年到 1989 年不同时间段中的这些"话语束"变迁。

第一阶段：双元主义的年代——从长崎到 1960 年代

原子弹在广岛和长崎爆炸之后，美国社会对于核能的认知包含两个对立的面向：核能既可以让文明毁于一旦，又可以将我们带进一个极其光明的未来。这种认知一直持续到 1960 年代末，甘姆森与莫迪利亚尼将此称为"双元主义的年代"（The Age of Dualism）。在这一段时期，人们普遍认为利用核能是对的，只是不要将其用于制造武器就行。在媒介话语中，支持核能发展的"进步话语束"（progress package）牢牢占据着主流位置，所谓的"进步话语束"指的是，"欠发达国家可以从核能的和平利用中获得福利"，"核能对于维持经济增长和我们的生活方式是必要的"，"核能的反对者畏惧改变"等。在这种主流的话语束之下，大大小小的核事故基本上都不被报道，媒介中所呈现的多是"视原子为朋友"（Your friend, the atom）的话语。

第二阶段：反核话语的兴起——从 1970 年代到三哩岛核事故

1970 年代开始，伴随中东的石油危机，美国出现了"能源独立"（energy independent）的话语束。这一话语束将核能的发展与能源独立的重要性结合在一起，在当时的背景之下，它很快成为第二大拥核话语束。但对于核能发展的"痴迷"（addition）也刺激了反核话语的兴起。此时"双元主义"开始走向终结，一是因为卡特政府将发展核武作为其执政的优先选择，因而决定收紧核能技术在国家间的扩散，所谓"和平利用原子能"的倡议也因此受阻；二是在核能的安全议题受到重视之后，一些人开始意识到，核能的破坏力并不如想象中那么简单，比如严重的事故可能会导致大量的放射性物质从核反应堆中散逸到空中，这已经超出了一开始人们所持有的"核能只是个炸弹"的想象。

在反核话语中，环保分子提出了"软路径"（soft path）的话语束，亦即可以选择那些生态友好和可再生的能源，如太阳能、风能、水力等，而不是选择高度科技化和生态不友好的核能。另一反核话语则是批评核能企业只关心行业利益而非公众利益的"公共责任"（public accountability）语束，亦即核能企业已经忘却了公共责任而一心追逐利润，核能企业的官员也变成了不诚实、贪婪和傲慢的人。这一话语束旨在强调要将核能的发展置于公众的监管之下。还有一种反核话语则是强调核能"并不符合经济效益"（not cost effective）的话语束，这一话语束指出，核能与其他可替代能源相比，简直就像乱撒钱（pouring money），因而再坚持核能发展就是愚蠢的。此外，作者们还在这一时期的时事漫画中发现另外一种反核的话语束——"失控"（run away）话语束，这一话语束更加强调核能中不能为人类所控制的可怕力量及其后果，"从宗教的视角来看，人类胆敢扮演上帝的角色去控制自然界和宇宙中最基本的力量。但正所谓种瓜得瓜，种豆得豆，人类必将自食其果"。

这一时期，反核话语在一部好莱坞的电影中得到了集中体现，这部名为《中国综合症》（The China Syndrome）的电影上映 12 天后，三哩岛就发生了核泄漏的事故。电影描述一名女记者和她的摄影师无意中发现了一间核子发电厂接近"核心熔毁"的紧急意外，打算将发现的安全问题公之于世，却遭到欲掩盖真相的发电厂人员的诸多刁难，甚至威胁、杀害给他们道出事实的工程师的故事。片名源自参与曼哈顿计划的美国物理学家拉普（Ralph Lapp）于 1971 年提出的"中国症候群"概念，大意为如果美国的核电厂发生不可挽救的炉芯熔解，灼热的核燃料熔液会熔解一切物质并穿透地壳、地幔和地心，直达在地球上位于美国"下方"的中国。该电影的上映以及紧接着的三哩岛核泄漏事故极大提高了美国民众对于核能的不信任和质疑。

总而言之，这一时期的媒介话语反映了社会思潮中关于核能认知的流动和不稳定。虽然"进步"话语束是主流的话语束，但是其早期的"霸权"已经被摧毁了。

第三阶段：生活模仿艺术①——从三哩岛到切尔诺贝利

这一阶段，三哩岛事故与切尔诺贝利核事故相继发生，"失控"话语

---

① 此处原文为"Life Imitates Art"。作者并未指出此句话的出处，但一般认为，这句话出自爱尔兰诗人、作家奥斯卡·王尔德（Oscar Wilde）的"Life imitates art far more than art imitates life"。亦即"生活模仿艺术要高于艺术模仿生活"。王尔德所强调的是艺术的优先性。作者在此引用这句话，应当指的是核能发展状况竟然如之前电影所说的一般，艺术表达中的担忧还是成真了。

束也成为新的主导性媒介话语束，拥核的"进步"话语束依然有竞争力，但是已经处于"四面楚歌"和防御性的状态，与1950年代的"如日中天"相比相去甚远。这一阶段还出现了一个话语束——"浮士德与魔鬼式的交易"（Faustian devil's bargain）语束，这一语束对于核能发展持的是一种相对矛盾的态度，即既指出了核能发展的必要性又指出了核能发展的危险性："发展核能变成了与魔鬼交易一般。很显然，像核能这种永不枯竭的以及不需要看欧佩克（OPEC）脸色的能源当然是有好处的。但是迟早，这个代价是要还的。现在无论做与不做，都会被诅咒。我们陷得越深，就越难抽身。""浮士德与魔鬼式的交易"话语束的出现，也让核能的反核与拥核之间的话语界限变得模糊了。

实际上，甘姆森与莫迪利亚尼的这一研究也启发了本书的写作，那就是笔者有了探究中国关于核能的媒介论述如何的想法，尤其是在世界各国对于这一研究主题都有了相当多成果的背景之下。

同时期，科纳（John Corner）等人将电视话语作为一种"风险"的"文本"，考察了后切尔诺贝利时代英国不同类型的电视媒介在核能风险争议中所使用的话语。[①] 在研究中，作者们选取了三种不同的电视媒介类型，因为这关系到这些媒介类型的所有者将以何种视角来看待核能议题。这三种不同的电视媒介类型分别是代表公共电视组织，公共电视组织通常以批判性地启蒙国民为己任，其报道倾向通常也是以平衡各方观点为主；第二种媒介类型则由企业或者政府组织制作发行，试图维护特定组织的利益，为之在社会争论中辩护；第三种类型的媒介则是独立影像，这种类型的媒介组织试图激发公众的焦虑以及释放公众的不满情感，以达到对于"官方"视角质询的目的。

事实上，不同的媒介类型，对于核能议题的论述的确展现了不同的价值取向。如代表公视组织的BBC2台在其"驯服猛龙"这一系列纪录片的最后一部分"不确定的遗产"中，更多的是强调核能的不确定性，即核能的选择是一种应当在利益与风险之间取得平衡的选择，而真正的问题在

---

① John Corner, Kay Richardson, and Natalie Fenton, "Textualizing Risk: TV Discourse and the Issue of Nuclear Energy," *Media*, *Culture & Society* 12 (1990): 105–124.

于：我们又如何在风险不确定的时候取得这种平衡？概言之，作为公视组织代表的 BBC2 台，在核能这一问题上，并没有表现出强烈的拥核或者反核倾向，而是通过一种相对平衡的报道方式指出了核能之惑。

相比之下，由英国"中央电力发展委员会"（Central Electricity Genera-ting Board，CEGB）委托第三方公司制作的《能源：核能之选》（*Energy：The Nuclear Option*）则是一再淡化核能的风险与神秘之处。影片中的结论性陈述认为：我们不能确保任何东西都不会出错，生活也是如此。核能工业当然是一种复杂的科技，但是它同时是我们日常生活的一部分，而并非有些人带着不理性情绪所说的神秘怪兽。科纳等人认为，CEGB 在此完成了一种话语上的替换，将核能视为日常生活的一部分，而并不是如同 BBC2 台非理性地认为核能是一种龙（Dragon）一样的怪兽。另外，正如之前科纳等人所指出的那样，这种宣传性质明显的影片都旨在说明某种政策（比如上马核电项目）的合理性，即既然核能有那么大的风险，我们为什么还要选择核能。对此，影片给出的答案是核能作为一种能源的益处大于其风险的弊处。

独立影片《来自我们自己的报道》（*From Our Own Correspondent*）在话语中则是一反"平衡报道"的说辞，而是通过画面试图激发观众对于切尔诺贝利惨案发生在本地的后果的联想。片名中"我们自己"（our own）一词的使用已经暗示着一种"自己"与"他者"的对立，以显示民众对于技术官僚主导核能政策的不满与焦虑："按照 CEGB 的说法，电影中所描述的事故永远不可能发生。可俄罗斯当局在切尔诺贝利事故之前也是这么说的。"

科纳等人的研究表明，在不同的目的之下，媒介对于同一话题所使用的话语策略是截然不同的。从三个片名中的隐喻或者主题"龙""选择""我们自己"等话语就可以看出各自的意识形态导向。此时核能话语也更多为核能的风险争议。

进入 1990 年代以后尤其是 21 世纪以来，全球的核电运营都处于一种相对安全平稳的状态，除了 2011 年的日本福岛核事故再掀起波澜之外，实际上核电的安全问题已是一个老生常谈的话题。随着气候变迁等环境问题的愈发突出，核能支持者也在这一问题上找到发展核电的契机，那就是核电可以作为一种"绿色解决方案"去应对气候变迁，[①] 当然，反对者认为，核能是否是"低碳环保"的也是存有争议的。反映在媒介话语之上，便是新一轮的话语竞逐。

伦齐等人考察了 2009 年至 2013 年英国 7 家不同类型报纸在核能争议中所使用的"隐喻"。"隐喻"使用也是话语建构的一种技巧，它能够通过意义置换影响人们对于某一事物的感知和想象。研究者们发现了在核能争议中三种不同类型的"隐喻"分类：重生（rebirth）、毁坏（devastation）与疾病（sickness）。[②]

在"重生"这一隐喻分类之下，"复兴"成为报纸中最常被提及的一个词语，"复兴"这一词语所指涉的是在全球变暖的这一大环境下，核能作为"低碳排放"的能源，其发展进入第二轮的"再生期"，也暗含着核能可以将人类带入一个美好未来，有助于保持生态系统的多样性、创造力和领先性。实际上"重生"这一隐喻在核能发展之初就被人们广为使用，它暗示一种"凤凰涅槃"的想象。[③] 这一隐喻的再度被使用，也说明了人类社会之中一直存在对于核能造福于人类的美好想象。

在"毁坏"隐喻这一分类之下出现较多的词语，包括"天启式"（apocalypse）、"地狱"（inferno）、"妖怪"（genie）、"炸弹"（bomb）。"炸弹"这个隐喻无须再多解释，它指涉了人们对核能的一种不安和焦虑。"天启式"往往暗示一种上天降临的灾难，而将核能与此联系在一起则是有一种"世界末日"的恐怖意向。伦齐等人指出，"地狱"这一隐喻有两层含义，一是因为人类支持核能的这一罪恶会将地球变成"人间地狱"，二是人类将长期受到这种罪恶的惩罚。"妖怪"这一隐喻建构了核能作为

---

① Marci R. Culley, Emma Ogley-Oliver, Adam D. Carton, et al., "Media Framing of Proposed Nuclear Reactors: An Analysis of Print Media," *Journal of Community & Applied Social Psychology* 20 （2010）: 497 - 512. María-Teresa Mercado-Sáez, Elisa Marco-Crespo, and Àngels Álvarez-Villa, "Exploring News Frames, Sources and Editorial Lines on Newspaper Coverage of Nuclear Energy in Spain," *Environmental Communication* （2018）: 1-14.

② Barbara Gabriella Renzi, Matthew Cotton, Giulio Napolitano, et al., "Rebirth, Devastation and Sickness: Analyzing the Role of Metaphor in Media Discourses of Nuclear Power," *Environmental Communication* 11 （2017）: 624-640.

③ Spencer R. Weart, *Nuclear Fear: A History of Images* （Cambridge, MA: Harvard University Press, 1988）.

一种强有力的解决方案能够应对人类的能源问题，但是这种超自然的力量往往会超出人类的掌控，因而也就有着负面的意涵。

伦齐等人归纳出的最后一大类隐喻为"疾病"，下文又有两个主要的隐喻，一是"上瘾"（addiction），二是"烟雾"（smoking）。这两大隐喻都不是直接暗示核能的相关属性，而是支持核能的话语所建构的传统能源的弊处。"上瘾"这一隐喻暗示着人们对于传统的石化能源有一种病态的依赖症，导致地球"生病"，相反，像核能这样的替代能源则是解决这一问题的极佳方案。而"烟雾"一词则能够让人们联想到空气污染以及肺癌等疾病，有些文章认为传统石化能源导致空气污染的风险要高于福岛的核泄漏。

总之，我们可以看到，话语在核能争议中再次成为"斗争的武器"，并建构出了关于核能的不同想象。不过伦齐等人这一研究注重的是不同类型报纸在同一议题上所使用隐喻的总体分布，对不同类型报纸之间的话语建构，或者进一步而言，对于站在不同意识形态立场的报纸间的核能话语建构的差异未作深入探讨。

多伊尔考察了英国三家不同类型的报纸——《每日镜报》（小报）、《每日邮报》（中型报）以及《独立报》（大报）对于核能议题的话语建构，多伊尔发现，意识形态立场对于报纸的话语建构的确存在影响。[①]2008 年，英国工党政府宣布新型核能将在低碳发电中扮演重要角色，意图将核能重塑成一种可以应对气候变迁的"低碳能源"。一般而言，《每日镜报》被认为支持工党政府，而被认为是中间偏左的《独立报》也有相近的立场，但是被认为是保守党支持者的《每日邮报》则不会太依附于工党政府的政策议程。所以，在这三家报纸的话语建构中，《每日邮报》自然不会单纯地为工党政府的政策主张背书，但是因为其自身一贯的拥核立场，在核能的话语建构中，《每日邮报》只注重了官方核能话语中的一个面向，那就是"能源供给与安全"，却忽略了政府将核能作为一种低碳能源再造的立场。多伊尔认为，这是因为《每日邮报》对于"气候变迁"这一事实

---

① Julie Doyle, "Acclimatizing Nuclear? Climate Change, Nuclear Power and the Reframing of Risk in the UK News Media," *International Communication Gazette* 73 (2011): 107-125.

也是持怀疑态度，因而对工党政府宣扬的用核能抵御全球变暖的这一主张不会进行过多报道。

而立场相对中立的《独立报》在早期对工党政府的这一政策主张是持批评态度的，该报纸认为政府的能源决策方向应当转向可再生能源和资源保护，并且对于政府出台这一政策未经过听证程序表示质疑。但是当气候变迁这一事实被不断披露之后，《独立报》开始为政府决策背书，但是它也不认为核能是一种低碳能源，因而对这一面向也没有进行过多报道。

《每日镜报》则是更多地站在了政府的立场，但是它也不完全是政府的"传声筒"，在这三家报纸之中，《每日镜报》一直试图唤起公众参与核能事务辩论的欲望，指出在公共政策制定过程中公众参与的必要性。这实际上也是对工党政府核能政策的一种有保留的支持。

上述文献集中在多家媒介对于同一核能事务的论辩，呈现的是一种在"意见公开市场"中话语竞逐的状态。托勒夫森（James W. Tollefson）所考察的则是，对于一家拥核的媒体而言，在福岛核事故前后，它又会以怎样的话语形塑来达成自己的特定目的。① 他选择的媒体是日本的《读卖新闻》（The Yomiuri）。托勒夫森指出，《读卖新闻》在 1924 年至 1960 年的老板为日本自民党创始人之一正力松太郎（Matsutaro Shoriki），这也是建立日本核工业的关键性人物。在 1954 年，此时广岛和长崎核爆不久，日本民众还极为反对核能，正力松太郎却动用《读卖新闻》对美国的"和平利用原子能"运动进行了成功的话语形构。在 1956 年，正力松太郎还当选为日本第一届原子能协会的主席，负责对于核工业进行监管。因而，在正力松太郎的串联之下，《读卖新闻》、核工业、政府监管机构以及日本的国家安全机构紧密地联系在了一起。日本的另一特殊之处在于，长期以来，日本一直在科技进步上享有盛誉，2011 年福岛核事故所冲击的不仅仅是日本的核工业，更是日本国民对于本国"技术科学"（technoscience）的信仰，因而对于偏向支持发展核电的媒体《读卖新闻》来说，必须策略性运用话语建

---

① James W. Tollefson，"The Discursive Reproduction of Technoscience and Japanese National Iden-tity in the Daily Yomiuri Coverage of the Fukushima Nuclear Disaster," *Discourse & Communica-tion* 8（2014）：299-317.

构手段去维护核能的正当化以及再次凝聚日本对于"技术科学"意识形态的民族认同。

托勒夫森的研究发现，《读卖新闻》通过两种论述建构手段去实现上述的目的：一是尽可能地降低福岛核辐射的风险，二是强调国民在核危机中的民族责任。这两种手段包括了11种论述技巧。在对风险的建构方面采取的技巧包括：

1. 将核辐射污染再现为孤立的和高度局部化的；
2. 将核辐射污染再现为对健康没有直接威胁的；
3. 将辐射自然化（即环境中也存在其他辐射，意图将福岛的核辐射视为日常生活中自然组成）；
4. 将技术信息去情境化（即对出现的技术术语不予进一步的解释，以达到让受众难以直接理解的目的）；
5. 以一种高度选择性或者不准确的方式使用科学信息；
6. 将对于核辐射风险的担忧去正当化。

在对国民如何响应这种危机的建构方面，《读卖新闻》所采取的论述技巧包括：

1. 重构等级森严的信息权威；
2. 将外媒的报道去正当化；
3. 将民间组织的独立行动去正当化（在对官方提供的信息不信任之后，一些民间团体开始自行搜集关于辐射的信息，质疑官方的建议以及抵制官方的决策）；
4. 将事故期间离开日本的境外人士去正当化；
5. 阐明危机回应中的独一无二的日本民族精神。

托勒夫森认为，《读卖新闻》通过建立一个排除公民声音的话语领域，保持了官方主导话语的霸权地位，话语的形塑力得到进一步的彰显，但是这样的后果可能也是危险的，因为排除了民主参与可能就无法达到对于风险决策的纠偏。

三　中国的核能话语

中国大陆对于核能的话语研究相对较少。由于核能对于大多数国人而言尚属于陌生的事物，目前传播学界对于核能的研究多集中在核能的风险感知和传播这一阶段，即研究者关注的是中国人如何看待核能风险本身以及对它的接纳程度、[①] 核能风险的沟通与科学传播，[②] 以及媒介应用与核环境风险的抗争等。[③]

当然并不是说中国没有关于核能话语的研究，有一些文献涉及了这一议题。全燕对《人民日报》和《纽约时报》关于日本核泄漏的报道进行了框架分析，她发现在对于风险的报道框架上，《纽约时报》表现审慎，在报道中隐含对于核风险扩散的担忧，而《人民日报》则是在控制风险、维护稳定方面进行了舆论引导，更多地表达了风险是可控的这一价值取向。[④]这说明了即使是对他国的核电议题进行报道，《人民日报》也仍以本国对核电发展的态度为报道的价值取向，依然是在强调核电风险的可控。

戴佳、曾繁旭、王宇琦运用了框架分析方法对隶属于人民日报社的三个媒体平台——《人民日报》、人民网以及"人民日报"官方微博关于核电议题的相关报道进行了考察，[⑤] 其问题意识在于，作为传统意义上代表官方话语的党报，在直接面对网民的网络平台（人民网、微博）上，其话

① 曾繁旭、戴佳、王宇琦：《技术风险 VS 感知风险：传播过程与风险社会放大》，《现代传播》2015 年第 3 期。张江艳：《基于公众认知与态度的核电信息传播研究》，硕士学位论文，湖南师范大学，2015。邱鸿峰：《新阶级、核风险与环境传播：宁德核电站环境关注的社会基础及政府应对》，《现代传播》2014 年第 10 期。

② 曾繁旭、戴佳、王宇琦：《风险行业的公众沟通与信任建设：以中广核为例》，《中国地质大学学报》（社会科学版）2015 年第 1 期。戴佳、曾繁旭、黄硕：《核恐慌阴影下的风险传播——基于信任建设视角的分析》，《新闻记者》2015 年第 4 期。王冬敏、彭小强：《探析风险社会中核电的科学传播》，《科技管理研究》2015 年第 16 期。

③ 曾繁旭、戴佳、王宇琦：《媒介运用与环境抗争的政治机会：以反核事件为例》，《中国地质大学学报》（社会科学版）2014 年第 4 期。

④ 全燕：《风险的媒介化认知：〈纽约时报〉与〈人民日报〉对日本核泄漏报道的框架分析》，《中国地质大学学报》（社会科学版）2012 年第 3 期。

⑤ 戴佳、曾繁旭、王宇琦：《官方与民间话语的交叠：党报核电议题报道的多媒体融合》，《国际新闻界》2014 年第 5 期。

语是否会出现某种程度上的调整，即官方话语是否会出现某种程度的分化，以适应当下的舆论环境。对于核能这一议题而言，则是看代表国家政策和立场，承担着传达党和政府方针、政策和主张任务的《人民日报》，是如何通过在不同平台上的话语分化，即不同的报道框架，来顺应媒介融合趋势和争夺舆论场的。

而三个平台对于核电采取什么样的报道框架则是本研究所关心的。戴佳等人的研究结果发现，三个平台基于不同的媒介属性和受众需求，采取了迥异的话语策略，具体来说，就是《人民日报》作为权威党报，依然以宣扬核电进步为主；人民网的报道框架则是宣扬核电安全；而"人民日报"官方微博则是充分考虑微博受众多元需求及平台互动特性，使用"公共责任"框架对核电企业进行舆论监督，并使用他国"核能失控"的框架来响应民众的质疑与恐慌心理。

不过作者们也指出，虽然人民网的"核电是一种'威胁'"的框架和微博的"公共责任"框架都属于反核的框架，但是它们都把重点放在国外的核能事故和核能企业不履行社会责任上，并没有与《人民日报》宣传的我国核能发展战略相悖，三个平台上并没有出现尖锐的冲突与强烈的反差。

许多多则是进一步明晰了《人民日报》在核电议题上的话语、框架与他者呈现。[①] 作者借鉴了甘姆森与莫迪利亚尼所提出的"话语束"的概念，将福岛核事故划分为四个阶段，即事故发生和救援阶段、日本政府危机处理阶段、核事故引发的安全讨论阶段以及后福岛事故阶段，作者考察了《人民日报》在这四个阶段的报道中所采取的"话语束"。

在第一个阶段，许多多认为，《人民日报》采取的是"感同身受"的人情味框架，报道主要围绕灾难本身信息以及灾后的救援行动；在第二个阶段，当灾情趋稳和救灾告一段落时，《人民日报》更多采用了"问责政府"的责任框架，反映日本民众对本国政府善后不力的质疑态度；在第三

---

① 许多多：《核电议题的媒介报道：话语、框架与他者呈现——以〈人民日报〉对日本福岛核事故的报道为例》，载《北京大学新闻与传播学院·第二届"中欧对话：媒介与传播研究"暑期班论文汇编》，北京大学新闻与传播学院，2015。

个阶段，许多多指出，《人民日报》则是运用了对比的框架，凸显中日两国在核电安全管理上的差异；在第四个阶段后福岛时期的核电讨论中，许多多指出，《人民日报》采用了"核电风险与责任"的框架，一方面对日本当局在福岛核事故善后处理未完成、不达标的前提下，罔顾民意重启核电站的行为进行了质疑；另一方面则是强调中国核电技术的升级和安全。许多多认为，媒介会对材料进行选择，然后将其嵌入特定框架展开叙事，通过对《人民日报》有关日本福岛核事故的报道进行"框架分析"后发现，"媒介框架"在流变中会有一个"他者"的呈现，实现了对于"自我"认同的强化。

作为为数不多的有关中国核电媒介报道研究的英文文献，王永香等人的问题意识聚焦于中国主流的媒介报道是如何与中国大力发展核电这一政策主张相呼应的。[1]

王永香等人首先指出，中国选择发展"清洁"的核电以减少火力发电所带来的污染，另外，发展核电这样的新能源也有助于中国兑现在国际社会中做出的减少温室气体排放的承诺，以应对全球性的气候变迁危机，因而中国对于发展核电有着很现实的动因。而中国核电运行的良好状况也给中国发展核电提供了有力的政策支撑，证明中国的核电是安全的。

他们选择《人民日报》以及《光明日报》2004 年至 2013 年的核电相关报道为分析对象，结果发现，这两份报纸主要呈现核电友好的陈述，与此同时，反对核电的意见很少被刊发。核电友好的陈述主要聚焦于核电是环境友好的和安全的。最后作者们指出，这两份主流报纸关于核电议题的报道与中国大力发展核电的政策是相呼应的，主流媒介始终在为中国核电的发展创造舆论环境。

事实上，正如方芗所指出的："在中国核电从起步到发展的数十年间国内媒体对核问题的报道都相对保守。中国媒体在核问题上并没有像西方媒体那样在报道的过程中放大核风险或者使核电技术'污名化'。中国与核有关的报道大多停留在发布行业信息的阶段，并且尽量避免'风险'、

---

[1] Yongxiang Wang, Nan Li, and Jingping Li, "Media Coverage and Government Policy of Nuclear Power in the People's Republic of China," *Progress in Nuclear Energy* 77 （2014）：214—223.

'安全'以及'担忧'等关键词。"这样的后果就是，"核（能）作为一个相对来说比较敏感的话题，一直没有在公共领域中被各种传媒广泛讨论。可以说，在中国境内，媒体不但没有放大核电风险，反而弱化了核电风险"。① 当然，在福岛核事故之后，中国一些市场化的媒体也在正视核风险，例如《财经》杂志就在2011年第7期发表关于核电风险的专题报道，这期的封面文章开篇就提出了这样的质疑：突如其来的日本核危机，使得中国核电发展问题又回到原点，即核电是否安全，该不该发展核电，既定的核电计划是否过于冒进。

总体而言，当下中国关于核能的媒介话语研究显得有点零散，我们需要一种历史性的分析来看从中国最早关于核能的媒介话语开始，这种话语经历了怎样的变迁。

---

① 方芗：《中国核电风险的社会建构》，社会科学文献出版社，2014，第147~152页。

第三章　作为方法的批判话语分析

第一节　批判话语分析：批判的还是分析的？

20世纪以来，人类媒介事业取得空前进展，也造就了社会生活的"文本主义化"（textualist），当下人类社会产制的文本体量庞大，因而转向"文本"是学术界对于这种现实的响应。费尔克拉夫指出了为何"文本"对于社会科学具有重要的意义，他列举了理论、方法论、历史以及政治四个方面的理由。①

1. 理论原因

费尔克拉夫认为，社会科学学者所关心的是社会结构等这样的宏观层面，这种宏观层面与微观的社会行动有着辩证的关系。费尔克拉夫认为前者（社会结构）既是后者的条件和资源，又是由后者组成的。文本是微观的社会行动中的一个重要组成部分。因而一个社会学者即使关注宏观的阶级关系或者性别关系，也不能完全忽略文本。费尔克拉夫指出，在研究实践中，社会学者们实际上经常将分析落在文本上，只是他们并不愿意承认而已。

更为重要的是，费尔克拉夫认为，语言通常被误认为"中立"的，所以语言在生产、再生产或者改变社会结构、关系以及认同方面所做的工作被习惯性地忽略掉了。如此一来，我们就不能意识到对话语的社会分析能够揭示语言作用于社会和意识形态上的准确机制和形态。

---

① Norman Fairclough, "Discourse and Text: Linguistic and Intertextual Analysis Within Discourse Analysis," *Discourse & Society* 3（1992）：193-217.

2. 方法论原因

文本构成了有关社会结构、关系和进程的基础论述的绝大多数"证据"（evidence）。那么在分析社会的时候，就不能忽略作为一种基础性"数据"的文本。

3. 历史原因

费尔克拉夫指出，文本是社会进程、运动和多样性敏感的"晴雨表"，文本分析可以为洞察社会变迁提供非常好的指示。文本在造就历史过程中起着作用，不仅如此，文本还可以作为当下社会进程的证据，比如社会认同以及"自我"生成的再重构、知识和意识形态的再生成。相较于此前过于严苛和模式化的社会化分析，费尔克拉夫认为，文本分析法是研究社会和文化变迁的一个很有价值的方法。

4. 政治原因

费尔克拉夫强调了文本分析的批判目的。他认为，文本是社会控制和宰制得以实施的工具，因而文本分析可以被视为一种重要的可以达到揭示和批判目的的政治资源。

对于这些人类社会产制的文本，社会科学的研究者们发展出了多种的文本分析理论及方法，如内容分析法、扎根理论、叙事分析法、批判话语分析法、功能语言学、客观诠释学等，[①] 但是当我们将 CDA 作为一种研究方法时，不得不面对其方法上的多元和不同，即在把 CDA 作为一种研究方法时，研究者往往会根据自我需要打造出不同的方法"工具箱"。

梅耶尔指出，CDA 之所以成为一种具有多元特性的研究方法，一个很重要的原因就在于其理论来源的广泛。比如同为 CDA 学者，费尔克拉夫、沃达克等人受福柯的影响较深，他们更加关注话语与社会历史变迁之间的联系；而梵·迪克的理论则强调话语之所以能对社会产生影响，是因为"社会认知"这一中介起着非常重要的作用，因而梵·迪克的理论就更加注重分析"社会认知"是如何介入话语的生产和理解的；贝尔（Alan

---

① Uwe Flick, *The Sage Handbook of Qualitative Data Analysis* （London：Sage, 2013）. Stefan Titscher, Michael Meyer, Ruth Wodak, et al., *Methods of Text and Discourse Analysis：In Search of Meaning* （London：Sage, 2000）.

Bell)、梅钦（David Machin）与范·鲁文（Theo van Leeuwen）则受叙事结构分析的影响较深。①

理论来源的不同必然会影响到意识问题及其所衍生的特定研究问题，因而假如方法是为解决问题服务的话，CDA 的研究方法多元也就不足为奇了。不过 CDA 的方法如此多元，以致威多森（H. G. Widdowson）批评指出，CDA 缺乏"一个全盘的方法论指南"（a comprehensive methodological guide），总体上 CDA 的方法没有一个"检查清单"（check list）去指导应当如何操作，如此的后果就是虽然很多毕业生都在宣称自己论文用的研究方法是 CDA 的，却很难对他们的方法进行评估。②

威多森的质疑不无道理，一种研究方法倘若没有固定的原则与分析程序，就容易变成研究者的"自说自话"。"方法"好比研究者从"观察""诠释"的此岸到达"研究发现"的彼岸所走的那条路径，在理想状态下，科学的研究方法至少意味着别人当重走你发现的这条路径时，依然可以到达你达到过的地方。对于自然科学或者社会科学中的定量研究而言，方法评估的一个很重要原则就是"可重复性"，即这条路径他人也是走得通的。自然科学中的某种方法，更像从"观察"的此岸到达"研究发现"的彼岸的某座桥，它有时是唯一的路径，开辟新的研究方法就如同架设了一座新的到达彼岸的桥梁。而社会科学研究中的方法像穿越河流的一条航线，它存在着，你甚至可以在"地图"上把它标示出来，但它又是难以明示的，因为现实的河流中也不会画上一条航线出来，更多时候依靠的是"掌舵者"的主观判断与经验。在社会科学的研究领域里，似乎存在多条航线都在宣称可以到达"研究发现"的彼岸。但是如果这条航线别人无法再次穿越，这也就意味着研究者的"研究发现"可能只是他的一种"想象"，因为别人无法去重现，所以方法之于研究而言，不仅仅是一种工具或者一条

---

① 倪炎元：《论述研究与传播议题分析》，五南图书出版股份有限公司，2018。Michael Meyer, "Between Theory, Method, and Politics: Positioning of the Approaches to CDA," in Ruth Wodak and Michael Meyer eds., *Methods of Critical Discourse Analysis* (London: Sage, 2001), p. 20.

② Henry George Widdowson, *Text, Context, Pretext: Critical Issues in Discourse Analysis* (London: Blackwell, 2004), p. 167.

渠道，也是一种自我证明和被学术共同体所承认的路径。

虽然 CDA 在总体上没有"一个全盘的方法论指南"，但这并不意味着费尔克拉夫、沃达克、梵·迪克等研究者各自所开发的研究方法不存在这么一种程序上的说明。换言之，总体而言，CDA 作为一种方法是多元的，但是具体到某一个学者或某一次研究，都有其方法论上合理性的宣称与具体的操作步骤。

所以对于 CDA 而言，其在方法论上最大的争议可能不是其方法的多元性，而是其名称中的矛盾之处。"批判话语分析"，首先意味着这是一种分析，可在斯塔布斯（Michael Stubbs）看来，这种分析究竟"能符合所谓详尽、准确及系统分析标准到什么程度"仍是备受质疑的。① 另外，这种分析似乎更多地依赖于所分析的"文本"，而研究者充其量只是一种转译者，这与量化研究者所秉持的"让数据说话"观点是一个道理，如果 CDA 将自己当作一种"分析"的话，那么研究者应当以一种客观性的姿态从"文本"中抽离而出，而非一种没有约束的介入。

而在一般人的理解中，"批判"就意味着意识形态站队和无情的斗争，这势必会扭曲到对于"文本"的分析。所以威多森批评 CDA 是一种有着双重偏见的诠释，CDA 在选择材料之前就已经有了意识形态的偏见，另外 CDA 的材料选择是一种有偏见的选择，即总是寻找那些能够支持先入为主的意识形态偏见的材料，因而 CDA 是一种立场先行的分析，那么在这个意义上，CDA 的分析也不能被叫作分析，而只能是研究者的一种诠释。②

简而言之，CDA 的问题可能在于，或者批评者所聚焦的是，CDA 到底是想提示一套解读语言文本的分析策略，还是想作为一种批判理论，或是两种"认知兴趣"都要被包含在内。③

面对这种争议，CDA 学者的回击似乎显得有点无力。有的 CDA 学者

---

① 倪炎元：《批判论述分析的定位争议及其应用问题：以 Norman Fairclough 分析途径为例的探讨》，《新闻学研究》2012 年第 110 期。

② 倪炎元：《批判论述分析的定位争议及其应用问题：以 Norman Fairclough 分析途径为例的探讨》，《新闻学研究》2012 年第 110 期。

③ 倪炎元：《批判论述分析的定位争议及其应用问题：以 Norman Fairclough 分析途径为例的探讨》，《新闻学研究》2012 年第 110 期。

的响应有点近似"同义反复"，即他们强调方法多元不是缺点而是一种优势，意识形态的预设只是 CDA 中一个明晰的议程，并不会扭曲分析，[①] 但没有说明为何不会扭曲；大多数 CDA 研究者所做的则是搁置甚至无视这种争议，抱着"虽然有诸多争议，但是 CDA 依然是一种被广泛使用的研究方法"这一态度继续使用 CDA。

梅耶尔的辩护在某种程度上算是对这种争议的一种正面响应，梅耶尔指出，CDA 面临的争议实质上反映的是社会科学研究中不可调和的两组矛盾：[②] 一是我们有可能在没有任何价值判断的情况下去展开一个研究吗？二是我们有可能在没有任何先验经验的范畴下从纯粹的经验数据中得到洞见吗？对于第一个问题，实际上任何研究都负载着一定的前见与价值判断；对于第二个问题，梅耶尔认为，CDA 的立场与康德的认识论传统是相吻合的，那就是纯粹的认知是不存在的，我们总要在一定先验范畴内认识世界。

在笔者看来，或许费尔克拉夫对 CDA 中"批判"一词的理解能够部分解决这种争端，费尔克拉夫是按照"社会取向"的性质将话语分析分为批判的与非批判的，换言之，作为话语分析中的一个取径，CDA 与其他取径如会话分析、话语心理学、叙事分析、互动社会语言学不一样的地方在于，CDA 的目的在于通过对语言使用的分析，揭示话语背后那些不为人所察觉的意识形态和霸权，所以虽然不同的取径都是在做话语分析，但以此为己任的就属 CDA 了，比如会话分析所试图揭示的社会结构具体运作及形成作用的过程；但是对会话结构的分析往往无法顾及权力与意识形态在其间的作用，[③] 更不要去谈权力与意识形态所形成的宰制等，所以"批判"一词在笔者看来并不意味着一种意识形态的偏见和先入为主的价值判断，而更像一种追求和目标，即"批判"是在对语言使用的分析中达到的一种目的。

---

① Anabela Carvalho, "Media (Ted) Discourse and Society: Rethinking the Framework of Critical Discourse Analysis," *Journalism studies* 9 (2008): 161-177.

② Michael Meyer, "Between Theory, Method, and Politics: Positioning of the Approaches to CDA," in Ruth Wodak and Michael Meyer eds., *Methods of Critical Discourse Analysis* (London: Sage, 2001), p. 17.

③ 苏峰山：《论述分析导论》，载林本炫、何明修主编《质性研究方法及其超越》，南华大学教育社会学研究所，2004，第 209 页。

当然，太过于纠结方法论层面或许会让一种研究方法裹足不前，即使是对 CDA 批评最严厉的学者之一的威多森也指出这种争议只是 CDA 的一个问题，[①] 他也承认，人们会欣赏 CDA 实践者的才能，并且认为，他们会提供关于文本可能性含义的富有鼓舞力的洞见，甚至他们已经在文本中看到了那些迄今为止我们仍未觉察的一些重要事项。

第二节 批判话语分析的资料搜集、分析层次与框架

一 资料搜集

无论是自然科学的研究，还是社会科学的研究，一个不可回避的问题就是资料的搜集问题。在量化研究中，样本是否具有代表性往往决定着研究结论能否被推论到全体，因而量化研究通常对资料搜集本身有着一系列的规定和程序，以保证对样本的研究能够再现总体的样貌。

CDA 本质上是一种对文本的诠释性活动，即并不寻找一种放之四海而皆准的理论解释，因而就这一层面来说，推论本身应当不是 CDA 所要追求的。但是 CDA 也属于一种社会科学研究，既然被称为科学，则意味着 CDA 所分析的语料虽然不需要经过严格的抽样程序，但是也需要具有典型性，否则，当语料本身就有偏误之时，对语料进行分析则更会"差之毫厘，失之千里"了。

对于研究方法多元的 CDA 来说，梅耶尔更是直接指出：CDA 并没有一个典型的数据搜集方法，甚至一些作者都不对此步骤做出任何交代。[②]就数据源来说，CDA 分析的数据可能来自不同媒体类型上的论述，也有可能来自政府公告、文件，或者网络上的一些言谈；就数据的搜集程序而言，CDA 似乎也没有一个通用的程序，研究者们通常是"八仙过海，各显神通"。

---

① Henry George Widdowson, *Text*, *Context*, *Pretext*: *Critical Issues in Discourse Analysis* (London: Blackwell, 2004), p. 166.

② Michael Meyer, "Between Theory, Method, and Politics: Positioning of the Approaches to CDA," in Ruth Wodak and Michael Meyer eds., *Methods of Critical Discourse Analysis* (London: Sage, 2001), p. 23.

简而言之，什么样的材料能够成为 CDA 的分析对象，还是要取决于研究者的问题意识，即资料的搜集和分析总归是要为问题意识服务的。当然这种选取也不是任意的，而是在某种程度上所选取的分析数据必须是典型的（typical），而非例外的（exceptional）。①

二　分析层次

游美惠指出，对社会制成品的分析通常分为内容分析、文本分析和论述分析三个层次。② 内容分析比较属于实证主义倾向，旨在通过对文本的科学客观的量化分析而获得文本中的内容在特定类目上的分布情况。文本分析通常只针对一种社会制成品，如新闻报道、文学作品、电影或海报图片做解析和意义诠释。无论是内容分析还是文本分析，通常都是检视文本本身，而缺乏将文本置于更广阔的社会场址和历史文化因素进行分析，而论述分析所做的则是要"爬出文本外"或是掌握文本所"未书写出来的部分"。

换言之，内容分析与文本分析所注重的仍是文本本身，虽然文本分析在一定程度上超越了文本，转而强调研究者的诠释，但如果这种诠释脱离语境的话，也难免会犯了断章取义的错误，所以要想妥切地分析文本，必须掌握文本的内外因素，包括上下文脉络与社会情境脉络，实际上在这一层次上来说，已经进入了论述分析层次。游美惠认为，所谓论述分析绝对不是一种对于文本的任意拆解和诠释，其物质性的基础与实质效应都具有重要的地位。

就 CDA 而言，其分析重点当然是落在对话语即论述的分析上，探索语言之外的隐含意义，以及揭示话语背后被人视为理所当然的社会现状是 CDA 的主要任务。但是在有些 CDA 的研究中，内容分析通常被纳入其中，所以在 CDA 方法层面的讨论中，内容分析能否与话语分析在同一研究中并

①　Stephanie Taylor, "Locating and Conducting Discourse Analytic Research," in Margaret Wetherell, Stephanie Taylor and Simeon J. Yates eds., *Discourse as Data: A Guide for Analysis* (London: Sage, 2001), p. 25.

②　游美惠：《内容分析、文本分析与论述分析在社会研究的运用》，《调查研究》2000 年第 8 期。

置也是存有争议的。

倪炎元指出，西方主流的 CDA 研究通常都不包含内容分析。[①] 这是因为内容分析与话语分析分属不同的认识论立场，就内容分析而言，其在认识论上是一种实证主义的立场，即视语言为一种"镜像"或者真实的"反映"，因而内容分析法正是借由文本中相关类目频次的计算，检视其与社会真实之间的落差；而主流的话语分析是一种建构论的立场，真实是由语言所建构的，话语分析要追问真实是如何被话语所建构的，因而话语分析追求的是特定的真实（意识形态、权力关系）是如何被话语合理化的，其分析的样本更多是特定范例。而认识论立场的差异往往是本体论分歧上的延伸，选择了哪种研究取径则意味着从属了哪种认识论立场，但"语言反映真实"与"语言建构真实"是不能并存的，即不宜同时主张语言既可反映真实又可建构真实，所以西方的学术文献中不会出现将内容分析和话语分析配套在一起的研究设计。

不过在 CDA 研究中结合内容分析也不是不可能，只是这种结合更像两个互不相干的独立研究，内容分析与话语分析所得的结果被用来互相验证参照，[②] 这应当与研究者的问题意识与研究设计是相关的。

三　分析框架

如前所述，想要在 CDA 领域找到一个通用的分析框架几乎是不可能的，知名的 CDA 学者往往都有一套各自的分析框架。梅耶尔曾列举了耶格尔（Siegfried Jäger）、梵·迪克、沃达克和雷西格、斯科隆（Ron Scollon）、费尔克拉夫等学者所采用的分析框架，[③] 基本上而言，这些分析框架可以用五花八门来形容。

如耶格尔在结构层次上做一些内容方面的分析，以明确分析的材料中是否具有特定的主题，之后做语言学导向的详尽分析，关注的则是情境、

---

① 倪炎元：《论述研究与传播议题分析》，五南图书出版股份有限公司，2018，第 196 页。
② 倪炎元：《论述研究与传播议题分析》，五南图书出版股份有限公司，2018，第 197 页。
③ Michael Meyer, "Between Theory, Method, and Politics: Positioning of the Approaches to CDA," in Ruth Wodak and Michael Meyer eds., *Methods of Critical Discourse Analysis* (London: Sage, 2001), pp. 25-29.

文本以及修辞手段等，所以耶格尔的分析也是一种量质结合的方法，其语言学层次上的分析框架为：

论辩的种类以及形式；

特定的论辩策略；

文本的内在逻辑以及构成；

隐藏的暗示；

语言或者各种图像中所包含的集体象征、形象、隐喻等；

俗语、谚语、陈词滥调、词汇以及风格；

行动者（人物、代词结构）；

指代；

知识的来源细节等。

梵·迪克则认为 CDA 应注重以下的语言学特征：

强调和重音；

词序；

词汇风格；

连贯性；

局部的语义转移；

话题选择；

言说行动；

组织基模；

修辞特征；

语法结构；

命题结构；

话轮转换；

修复；

犹豫。

　　为人所熟知的费尔克拉夫的分析框架则为：

　　1. 首先关注一个社会问题，然后跳出文本，去描述这个问题所在以及识别出它的符号学面向；
　　2. 识别出其构成符号学面向的主要风格、类型、话语；
　　3. 考察在符号学面向上这些风格、类型、话语上的差异；
　　4. 识别出对于这些风格、类型、话语的抵抗。

　　在费尔克拉夫看来，这些步骤既有利于分析语料，也是在分析之前对文本脉络所做的一种结构上的分析，接下来才是对文本语言学层面的分析，包括：

　　行动者；
　　时间；
　　时态；
　　模态；
　　语法。

　　卡瓦略（Anabela Carvalho）则是对媒介话语的 CDA 框架进行了修正，在他看来，大多数的媒介话语分析缺乏的是与同时期的其他媒介的同步分析，以及在历史中的话语分析，[①] 因此他特别强调对脉络的分析，并将此作为他对 CDA 框架修正的一种贡献，其修正后的框架为：

　　1. 文本分析
　　布局和结构组织；
　　客体；
　　行动者；

---

① Anabela Carvalho, "Media (Ted) Discourse and Society: Rethinking the Framework of Critical Discourse Analysis," Journalism Studies 9 (2008): 161-177.

　　语言、语法和修辞；

　　话语策略；

　　意识形态立场。

2. 脉络分析

　　比较—同步分析；

　　历史—纵贯分析。

　　通过罗列的上述框架，我们可以更加清楚地看到 CDA 作为一种研究方法的多元特性。不过梅耶尔指出，从具体的 CDA 研究来看，CDA 的分析框架通常有如下两个特点：[①] 第一，它们都是问题导向的，即不是为了做语言分析而做语言分析，因此 CDA 并不专注于分析语言学项目，但是 CDA 中对语言使用的分析是不可少的；第二，CDA 研究中所选用的理论与方法在使用时都是折中主义的，即无论是理论还是方法，都可以在特定的研究情境中被"修剪"，而不是要固守某种理论和方法。

　　这说明了 CDA 是一种实践导向的研究，众多学者所开创的 CDA 研究框架说明了 CDA 运用的灵活性，但 Meyer 也坚持认为，CDA 与其他文本分析方法一个很显著的不同就是 CDA 是对语言使用的一种分析。当然，这种观点对流派、取径复杂的 CDA 来说也是存有争议的。比如与从语言学流派所发展出来的话语分析取径相比，从福柯话语理论所发展出来的后结构主义话语分析几乎不关注文本的语言学形式，而是追问话语在宏观的社会历史变迁中起着何种作用。[②]

　　事实上这个问题所涉及的是 CDA 对文本的分析究竟是具象的还是抽象的，在脉络或者置于的情境层次上究竟是微观的还是宏观的。卡彭蒂耶（Nico Carpentier）和德克莱恩（Benjamin De Cleen）建立了一套基于脉络/文本是宏观还是微观的分类策略，在这套分类策略下，源自语言学脉络的社会—语言学无论是其分析的文本层次，还是其置于的脉络层次都是微观

---

① Michael Meyer, "Between Theory, Method, and Politics: Positioning of the Approaches to CDA," in Ruth Wodak and Michael Meyer eds. , *Methods of Critical Discourse Analysis* (London: Sage, 2001), p. 29.

② 倪炎元：《论述研究与传播议题分析》，五南图书出版股份有限公司，2018，第60页。

的，而基于话语理论的分析（诸如福柯的话语分析）的文本以及脉络层次都是宏观的。① 至于批判话语分析，卡彭蒂耶和德克莱恩认为，CDA 的文本的分析以及置于的脉络层次都是偏宏观的，即 CDA 再往前一步，就是完全脱离文本分析的基于话语理论的分析了，卡彭蒂耶和德克莱恩将此命名为"话语理论分析"（Discourse Theoretical Analysis，DTA），并且指出 DTA 与 CDA 一个很重要的区别就在于，DTA 学者已经不再将话语仅仅视为一种语言形式，而是更加关注话语在社会进程中的功能，因而话语也必然包含非语言的面向。所以对于话语分析，就不能仅是一种语言学项目上的分析，因为这样会局限对话语宏观层面作用的思考。因而 CDA 一旦发展到 DTA 的层次，实际上已经拒斥了在微观的语言学项目上的分析，所以试图建立一种通用的分析框架是更加不太可能的事情了。另外，太拘泥于文本中语言项目或文本结构的分析反而会过于形式化。

简而言之，从语言学脉络走出的学者认为 CDA 在语言学层面的分析是必要的，因而也各自发展出了一些分析的框架，而一些后结构主义者或者非语言学科的学者们更多摆脱了在具体的语言学项目分析上的羁绊，更加注重话语在特定社会历史脉络中的作用与意涵。

第三节　本研究的资料搜集与分析策略

一　把《人民日报》作为考察对象

作为中国共产党中央委员会的机关报，《人民日报》在舆论引导中处于领导地位，被称为"党的喉舌"。自创刊以来，《人民日报》就"积极宣传党的理论和路线方针政策，积极宣传中央重大决策部署，及时传播国内外各领域信息，为中国共产党团结带领全国人民夺取革命、建设、改革的伟大胜利作出了重要贡献"，② 其报道的主要内容包括"中国特色社会主

---

① Nico Carpentier, and Benjamin De Cleen, "Bringing Discourse Theory Into Media Studies: The Applicability of Discourse Theoretical Analysis (DTA) for the Study of Media Practises and Discourses," *Journal of language and politics* 6 (2007): 265–293.

② 人民日报社简介，2018，http://www.people.com.cn/GB/50142/104580/index.html。

义道路、理论体系、制度"，"改革开放和社会主义现代化建设的巨大成就"，"广大干部群众团结奋进的先进事迹"等，在巩固和壮大主流思想舆论中发挥着"中流砥柱""定海神针"的重要作用。《人民日报》的新闻信息采集渠道遍布国内外，被发行到世界 100 多个国家和地区，截至 2017 年 1 月 1 日零时，其发行量达到 318 万份，[①] 成为中国最具政治影响力的报纸，也是外界了解中国官方意见的一个窗口。

因而本研究将《人民日报》作为研究对象，重点考察其在 1949 年 9 月至 2017 年 12 月关于核能的相关报道，并从中选取典型性语篇进行批判性话语分析，以揭示中国对于核能的话语形塑以及想象建构。

二　语料数据库及检索方法

(一)《人民日报》图文数据库

目前《人民日报》已建立包含 1946 年至今的所有刊登内容的图文数据库，网址为 http://data. people. com. cn。在获得相应的权限之后，使用者可以使用多种方式搜索《人民日报》自 1946 年至今所刊登的内容。在快捷检索中，使用者可以使用关键词在"标题"或"正文"中进行检索，或者在"标题+正文"的范围内检索；在"高级检索"中还可以指定日期范围，如单日期、时间段、多日期、特殊日期等，也可以按报纸版次、版名、文章作者等进行检索。在检索到相应结果之后，使用者可以查看标题、作者、日期、版次、全文等内容，并且选择可以进一步查看"原版图"，从而分析该内容在版面呈现上的重要性等。

(二) 检索方法

在检索关键词的选定方面，除了选择与核能直接相关的词语，如核能、核电、原子能、原子弹之外，也纳入蘑菇云等与核能文化相关的词语。此外，本研究也使用"关键话语时刻"（critical discourse moments）这一概念来帮助进行语料上的搜集。所谓"关键话语时刻"指的是使某一议题的相关论

---

① 人民日报社简介，2018，http://www. people. com. cn/GB/50142/104580/index. html。

述特别显著的时期，这些特定时期可刺激各方就该议题发表意见与评论。①
换言之，"关键话语时刻"意味着某种话语的集中或突出显示，也有可能
是某种论调的忽然转向，因而对于话语分析来说，"关键话语时刻"前后
的论述是重要的语料来源，对"关键话语时刻"前后的论述进行对比分
析，可以看出话语的历史变迁。对于中国而言，关于核能发展的"关键话
语时刻"大致包括如下时间节点。

> 1964 年，10 月 16 日，中国第一颗原子弹爆炸成功；
>
> 1979 年，美国三哩岛核事故发生；
>
> 1982 年，国家同意兴建中国第一座核电站——广东大亚湾核电站
> （中外合作）；
>
> 1982 年，中国自行设计研制的核电站寻址浙江秦山；
>
> 1986 年，苏联切尔诺贝利核事故发生；
>
> 1991 年，秦山核电站建成运行；
>
> 1994 年，大亚湾核电站正式投入商业运行；
>
> 2011 年，日本福岛核事故发生。

从这些"关键话语时刻"中也可以获得本研究所使用的其他关键词，
包括三哩岛、大亚湾、秦山、福岛、核安全等，从而获得对于语料的更加
全面的搜集。

本研究共选取 258 篇相关典型性语篇，以作本书分析之用。

三 "话语—历史取径"分析方法

（一）中国核能发展的历史阶段划分

通过对"关键话语时刻"的划分，能更加清楚中国核能发展的历史进

---

① 黄惠萍：《媒介框架之默认判准效应与阅听人的政策评估——以核四案为例》，《新闻学研究》2003 年第 77 期。Paul Chilton, "Metaphor, Euphemism and the Militarization of Language," *Current research on peace and violence* 10 (1987)：7-19. William A. Gamson, and Andre Modigliani, "Media Discourse and Public Opinion on Nuclear Power: A Constructionist Approach," *American journal of sociology* 95 (1989)：1-37. William A. Gamson, David Croteau, William Hoynes, et al., "Media Images and the Social Construction of Reality," *Annual review of sociology* 18 (1992)：373-393.

程与脉络,对于语料的 CDA 分析而言,这具有非常重要的意义。

具体而言,话语通常会再现和建构重大历史事件,形塑公众对于该历史事件的认知和未来想象,因而"关键话语时刻"也是话语竞逐和意识形态"争霸"的集中体现阶段。"关键话语时刻"的出现实际上也通常意味着特定时期论述主题的更迭和置换,因而本研究在分析策略上,借鉴"关键话语时刻"以及中国历史进程中特殊节点的划分,将《人民日报》上的核能话语变迁分为 6 个阶段,并在此基础之上,考察不同历史时期的核能话语,如表 3-1 所示。

表 3-1 中国核能发展的历史阶段划分

历史时期	作为划分依据的"关键话语时刻"
1949~1963 年	中国尚处于无核阶段
1964~1977 年	中国进入有核武阶段
1978~1990 年	改革开放开始,中国决定合作以及自主建设两座核电站,在这期间世界上也发生过三哩岛、切尔诺贝利等核事故
1991~2010 年	秦山、大亚湾相继运营,中国正式进入核电民用阶段
2011 年至今	福岛核事故发生

资料来源:本研究整理。

各个历史阶段核能话语所承担的历史任务有所不同,比如在无核阶段(1949~1963 年),《人民日报》关于核能的话语是一种渴求与想象,以及对于有核国家(特别是美、苏两国)的核能技术再现以及他者的形象建构;再如 1978 年之后,中国进入改革开放时期,国家也决定与国外合作以及自主建设两座核电站,在这期间,世界上也发生过三哩岛(1979 年)、切尔诺贝利(1986 年)等核事故,那么这一时期话语的历史职责就在于在这种危机之中继续用话语形塑核能发展的合理性;又比如到了 1990 年代,秦山、大亚湾相继运营,在中国进入核电民用阶段后,媒介话语随之变迁,其主要任务也就变成了如何进一步确立这种决策的合理之处,以及将民族复兴等意识形态"接合"(articulation)这种科技进步。

(二)脉络分析与文本分析

在完成中国核能发展的历史阶段划分之后,本研究将主要借鉴由雷西格与沃达克等人所发展出来的"话语—历史取径"(Discourse-Historical

Approach）批判话语分析方法进行语料的分析。①"话语—历史取径"分析方法与其他批判话语分析的最大不同就在于对历史脉络重建的强调，亦即任何选定的研究议题，都应通过对各种类型历史资料的检视，将议题的相关前因后果的脉络重建出来，② 换言之，"在诠释文本与话语时，历史脉络必须予以考虑。历史取向允许将再脉络化功能的重建视为一个联系文本和话语的重要进程，在这个进程之中，文本与文本之间、话语与话语之间、文本与话语之间被跨越时间地联系起来"。③ 正因为对于历史脉络的强调，"话语—历史取径"分析方法也较为适宜用来去处理在历史中变迁的话语，因为话语总是镶嵌于特定的历史脉络之中，而历史脉络又由相应的话语组合而成。

在话语、历史脉络与文本这三个概念的关系讨论上，沃达克将话语定义为：④

1. 一组镶嵌在社会行动的特殊领域之中的依靠情境脉络的符号实践；

2. 由社会所建构同时具有社会建构性；

3. 与一个宏大主题（macrotopic）相关；

4. 与有效宣称的论证有关，比如何为真理与规范的有效性，这涉及持有不同观点的社会行动者。

换句话说，在"话语—历史取径"分析方法中，话语是一种建立在特殊情境脉络之中的符号实践，它通常具有一个主题，即往往是"关于……

---

① Martin Reisigl and Ruth Wodak, *Discourse and Discrimination*: *Rhetorics of Racism and Antisemitism* (London: Routledge, 2001), pp. 31 – 90. Ruth Wodak, "The Discourse-Historical Approach," in Ruth Wodak and Michael Meyer eds., *Methods of Critical Discourse Analysis* (London: Sage, 2001), pp. 63–94. Ruth Wodak, "Critical Discourse Analysis, Discourse-Historical Approach," *The International Encyclopedia of Language and Social Interaction* (2015): 1–14.

② 倪炎元：《论述研究与传播议题分析》，五南图书出版股份有限公司，2018，第150页。

③ Ruth Wodak, "Critical Discourse Analysis, Discourse-Historical Approach," *The International Encyclopedia of Language and Social Interaction* (2015): 1–14.

④ Ruth Wodak, "Critical Discourse Analysis, Discourse-Historical Approach," *The International Encyclopedia of Language and Social Interaction* (2015): 1–14.

的话语"（discourses about X），同时话语与某种宣称的论证有关。而文本在沃达克看来，则是话语的组成部分，是语言行动的具体实现，即文本是实现话语符号实践的具体表达。① 换言之，沃达克所认为的话语应当可以被视为一种镶嵌于历史脉络之中的文本组合，因而对于话语的分析，也必然包含两个层次的分析，一是脉络（context）分析，二是文本（text）分析。单纯分析文本，则无法理解其在历史脉络中所"接合"的含义，而单纯分析脉络，则无法理解话语如何通过语言运用来达到"接合"的目的，所以理想的"话语—历史取径"分析方法应当是在文本、话语、脉络之间循环往复的一种分析诠释活动。沃达克也将此称为"三角校正法"（triangulation），在"三角校正法"中，互文性、互为论述性、互为脉络性也得到进一步的分析和揭示。②

就脉络分析而言，"话语—历史取径"分析方法中的"脉络"一般而言可以被理解成文本内部的实时脉络（the immediate linguistic context），非话语层面的社会组织属性、组织规范、组织变化等情境脉络（context of situation），以及与研究话语生产有联系的社会政治历史脉络（sociopolitical and historical contexts）这三个层次。③

不过沃达克等人提醒在对话语和文本的诠释上，始终需要分析历史脉络，但他们并未给出脉络分析的具体步骤和策略，这也给参照"话语—历史取径"这一分析方法的研究者提供了自由拓展的空间。结合本书所研究的核能媒介话语，本研究认为，话语的历史脉络分析至少可以包括以下三个层次。

第一，话语与其出现的历史时空背景的勾连，这种历史时空背景有助

① Ruth Wodak, "Critical Discourse Analysis, Discourse-Historical Approach," *The International Encyclopedia of Language and Social Interaction* (2015): 1-14.

② Ruth Wodak, "Critical Discourse Analysis, Discourse-Historical Approach," *The International Encyclopedia of Language and Social Interaction* (2015): 1-14.

③ Martin Reisigl and Ruth Wodak, *Discourse and Discrimination: Rhetorics of Racism and Antisemitism* (London: Routledge, 2001), p. 41. Ruth Wodak, "The Discourse-Historical Approach," in Ruth Wodak and Michael Meyer eds., *Methods of Critical Discourse Analysis* (London: Sage, 2001), p. 67. 赵林静：《话语历史分析：视角、方法与原则》，《广东外语外贸大学学报》2009 年第 3 期。

于理解话语之中所蕴含的脉络含义。例如同样是"中国应当发展核电"这一话语，在 1949 年、1980 年代和 2011 年之后的含义肯定不一样，1949 年有识之士提出"中国应当发展核电"这一话语，他们希望百废待兴的中国对国外先进技术进行学习和赶超，而 1980 年代则是改革开放之后，中国经济腾飞面临能源短缺的尴尬现实，此时呼唤"中国应当发展核电"，而 2011 年福岛之后，"中国应当发展核电"又是"接合"着大国崛起、能源"一带一路"倡议，因而对于话语的诠释，首先要做到对其产生的历史脉络进行描述和勾连。

第二，话语不会无缘无故地出现，总是负载着一定的意识形态或社会思潮，对于官方话语而言，则是要探究为何在这一时期会出现这样的话语，即话语出现的意识形态动因。一个历史时期所出现的主导话语与论述，往往承接着对当时的国家意志进行贯彻落实的任务，因而那些看似合乎自然的话语变迁实际上也隐藏着历史动因。

第三，话语在历史脉络中的建构作用分析。前文提到，话语往往具有"二重性"的特征，即话语由社会实践所制约，但是话语又可以作为一种社会实践来达到建构真实、实现话语规训的目的。因而对历史脉络的分析，也要注意到某个特定话语在一定历史时期内所起到的社会建构作用，即我们既要注意到社会历史脉络对于话语生产的制约作用，也要看到话语生产对于社会历史脉络的建构功能。

在分析完历史脉络之后，接下来就是相对微观的文本分析。文本是话语的具体语言实践，因而其分析的针对性和可操作性就比较强一些。沃达克指出，语言运用往往会针对特定的问题而产生，这些特定的问题如下。①

1. 在语言学上，人、物体、现象/事件、进程以及行动是如何被命名和指涉的？

2. 什么样的特性、质量和特点会被赋予到社会的行动者、物体、现象/事件、进程上？

---

① Ruth Wodak, "Critical Discourse Analysis, Discourse-Historical Approach," *The International Encyclopedia of Language and Social Interaction* (2015): 1–14.

3. 在所讨论的话语中使用了哪些论证？

4. 这些命名、归因和论点又是从哪个角度进行表述的？

5. 这些相应的话语是否被明显表达？它们是被强化了还是淡化了？

实际上，在具体的核能话语的相关研究中，这些问题也可以被置换成：

1. 在语言学上，与核能相关的人、事、物是如何被命名和指涉的？

2. 什么样的特性、质量和特点被赋予到了核能这一言说对象以及与其相关的人、事、物上？

3. 为完成上述对核能相关人、事、物的命名、指涉或者性质判定，又采取了哪些论证策略？

4. 这些关于核能的命名、归因和论点又是从哪个角度表达的？立场为何？

5. 这些与核能相关的话语是否被明显表达？它们是被强化了还是淡化了？

在确立问题之后，雷西格与沃达克也指出了可供分析的话语策略（discursive strategies），具体而言包括如下策略。①

1. 指代策略或者命名策略（referential strategies or nomination strategies），通过这些策略，可以建构和指涉行动者的性质，如我的群体和他者的区分。这些策略的实现手段多样，包括成员分类法，或者用生物化、自然化、去人格化的隐喻以及转喻法来指涉某些人或其他行动者，又或者使用提喻法使局部代表整体（或者整体代表局部）。

2. 述谓策略（predicational strategies），社会行动者或群体一旦被

① Martin Reisigl and Ruth Wodak, *Discourse and Discrimination*：*Rhetorics of Racism and Antisemitism*（London：Routledge，2001），p. 45.

建构和认定，在语言学上，紧接着的便是给予谓词项，谓词项是用来描述或判定客体性质、特征或者客体之间关系的词项。述谓策略的使用旨在对人物、事物或者事件的性质进行消极或积极的性质描述或判定。在某些情况下，我们所说的第一种指代策略也是某种特殊的述谓策略，因为纯粹的指代策略往往已经涉及了对人物、事物或者事件的贬抑或者赞扬。

3. 论辩策略（argumentation strategies），通过论辩策略，那些消极或积极的归因能够被进一步合理化。

4. 视角、框架或者话语再现策略（perspectivation, framing or discourse representation strategies），这一策略的分析聚焦于话语主体是如何在话语之中表达其视角、框架的，以及在报道、描述、叙述或者引用相关事件时，话语主体又是如何定位其观点的。

5. 强化策略（intensifying strategies）或淡化策略（mitigation strategies），通过这些策略，话语主体可以限定或者修正某些话语被人们认识的方式。

总而言之，"话语—历史取径"分析方法是一种宏观历史脉络分析与微观文本分析相结合的批判话语分析方法，并且在微观的文本分析层面，沃达克等人也提出了较为详尽的分析策略。当然正如沃达克本人一直强调的，"话语—历史取径"是一种以问题为导向的研究方法，分析工具不会是一成不变的，而是要根据所研究问题的特殊性进行专门设计。[①] 对于本研究而言，则是考虑如何将这种研究方法的一般性要求落实到具体的研究框架之中。

（三）本研究的分析架构与策略

在沃达克等人的"话语—历史取径"研究方法之上，本研究根据核能话语这一相对聚焦的研究对象设计了本研究的分析架构，具体如图3-1所示。

1. 核能话语的历史性

本研究将《人民日报》的核能话语置于历史的时间轴之上，亦即这种

---

① Ruth Wodak, "Critical Discourse Analysis, Discourse-Historical Approach," *The International Encyclopedia of Language and Social Interaction*（2015）：1–14.

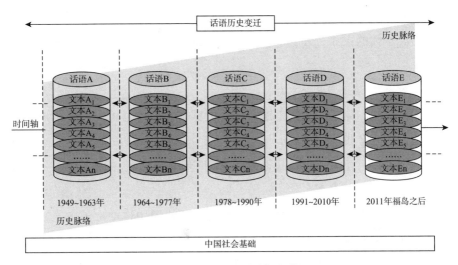

图 3-1　本研究的分析架构

资料来源：本研究制作。

话语具有历史性的特征，根据"关键话语时刻"，本研究将中国核能发展的历史阶段划分为五个历史阶段，在每一个历史阶段，都会形成这个阶段较为集中的核能话语，即图中的话语 A、话语 B……话语 E，并且这些话语实际上在 1949 年之前和 2011 年之后也是继续向前和向后延展的，并不意味着核能话语是一种无源之水或是在当下走入终结。这种话语在历史中的流变，构成了整体意义上的话语历史变迁。

2. 话语与文本的关系

在每一个话语之下，都有无数个文本，如图 1 所示，话语 A 由文本 A_1、文本 A_2、文本 A_3……文本 An 组成，亦即本研究采取沃达克等人的认知，将话语视为一组镶嵌在特殊历史脉络中的符号实践，在这个意义上，话语是一种相对抽象的概念，而文本则是话语的具体实践，并且文本之中蕴含着具体的语言使用，这也为微观的语用分析提供了基础。

3. 互为话语性与互为文本性

话语与话语之间，即话语 A、话语 B……话语 E 之间也是相互联系、互为话语的，后一阶段的核能话语总是对前一阶段核能话语的继承或批判，而前一阶段的核能话语在某种程度上限定了后一阶段核能话语产生的条件。所以在本研究的架构图中，话语 A、话语 B……话语 E 之间的关系都是用双向箭头来表示。文本与文本之间的关系也是如此，它们之间也存在互为文本性的关系，所以在图 1 中，文本 1 至文本 n 都是交叉重叠的关系。

4. 文本、话语与历史脉络

无论是文本还是话语都是镶嵌在历史脉络之中的，历史脉络构成了文本或话语的时空肌理（texture），因而对于文本或是话语的诠释，历史脉络必须整合进来，才能获得对其更加深刻的理解。

5. 中国的社会基础

除了对历史脉络的重视之外，本研究在架构图中也加上了中国社会基础，亦即上述的话语历史变迁都是发生在中国的这一社会基础之上，对于核能话语的一些诠释也要注意与中国的地方知识与背景相联系。

在介绍完本研究的架构图之后，接下来就是对本研究具体分析策略进行说明（如表 3-2 所示）。

表 3-2　本研究的分析策略

	历史脉络的描述和勾连
脉络分析	主流意识形态的揭示
	话语的历史建构功能分析
	指代策略或命名策略
	述谓策略
文本分析	论辩策略
	视角、框架或者话语再现策略
	强化策略或淡化策略

资料来源：本研究整理、制作。

本研究的分析策略分为宏观的脉络分析与微观的文本分析两个层次，宏观的脉络分析策略为研究者本人提出，具体分析：①一定时期的核能话语背后的历史脉络的描述，以及与话语之间的勾连；②一定时期的核能话语背后的主流意识形态揭示；③一定时期的核能话语所形成的建构作用分析。在微观文本的分析上，则是借鉴沃达克等学者在"话语—历史取径"研究方法中所提示的文本分析策略。

　　总而言之，对从 1949 年至 2017 年近 70 年的媒介话语进行分析，必然也是一种相对抽象的历史分析，太拘泥于单一文本必然会丧失对整体历史脉络的理解，或者深陷于单一文本分析而失去对历史脉络的整体把握。当然，批判话语分析也不能缺少对于语言语用的分析，因为简单讲，批判话语分析就是在对语言使用的分析中，去揭示那些隐藏的意识形态和为人所忽略的习以为常。

第四章 中国核能的媒介话语的分阶段呈现

——以《人民日报》为例

第一节 1949~1963年：原子能问题上的两条路线

1945年8月，美国在广岛和长崎相继投下两颗原子弹，加速了第二次世界大战的结束。1949年10月1日，毛泽东在开国大典上庄严宣布中华人民共和国诞生了，"中国人民从此站起来了"。与此同时，西方对于新兴的社会主义阵营采取了敌视的态度，"杜鲁门主义"的出台拉开了美苏冷战的序幕。关于核能，当它与不同阵营联系在一起时，它也有着不同的形象。

一 "和平利用"与"邪恶武器"

对于当时"无核"的中华人民共和国而言，核能是一种"他者"的能量形式，当时世界上拥有核能的国家只有两个，一个是美国，另一个是苏联（苏联在中华人民共和国成立前夕，由塔斯社宣布了已经拥有原子弹的声明），因而这一阶段中国对于"核能"的"想象"，在很大程度上取决于与拥有核能的"他者"之间的关系，换言之，中国出于政治利益和国际关系的考虑，让"核能"在与不同对象的"接合"使用中，有着相对迥异的面貌。一方面，《人民日报》宣传社会主义阵营对核能的"和平利用"，这也是全世界爱好和平的人类的期盼；另一方面，《人民日报》也在批评以美国为首的资本主义阵营的"挟核自重"以及它们实施的原子武器"恫吓政策"。

这种话语基调反映在《人民日报》于1955年1月19日第1版上刊出的《在原子能问题上的两条路线》这一社论中。

> 今天，在世界人民的面前摆着两个不同的道路：一个是美国战争集团企图准备原子战争、把人类投入毁灭性灾难的绝路；一个是苏联把原子能用于和平目的并实行国际合作，以促进人类文明全面发展的宽阔道路。这是在原子能问题上所展开的尖锐对立的两条路线。①

社论（editorials）的意义在于它是报刊所有者意识形态或者政治主张最集中的体现，《人民日报》的社论往往会成为"风向标"，代表着中国官方对于某件事情的态度及立场。这一社论充分体现了《人民日报》对于核能与不同对象之间的意识形态的"接合"实践。在这篇社论的结尾，《人民日报》一方面呼吁要"彻底揭穿美国准备原子战争的阴谋，反对美国进行原子军备竞赛，反对把原子武器交给侵略成性的德国军国主义手中，坚决要求禁止原子弹和氢弹"；另一方面则"拥护苏联把原子能用于和平目的并实行国际合作的伟大政策，以争取全世界的和平和进步"。

作为贯穿这一历史时期的基调，这种意识形态也在1954年由中国著名科学家钱三强发表的《只有在社会主义社会中原子能才能为国民经济服务》一文中得到了体现。在文中，钱三强发问：

> 为什么同样的一个科学发现，一个自然规律的掌握，在美国帝国主义手里就意味着战争威胁，国际的紧张局势，对被压迫的民族更加强烈的奴役，对科学工作者的迫害；反过来在苏联人民手里就表现着和平，人类美好将来的希望，国际紧张局势的缓和，被奴役人民的解放，科学的繁荣呢？

---

① 《在原子能问题上的两条路线》，《人民日报》1955年1月19日，第1版。

他指出，这是社会主义国家和资本主义国家的社会制度不同所决定的。资本主义国家之所以会走向核战是因为资产阶级"用旨在保证最高利润的战争和国民经济军事化的办法，来保证最大限度的资本主义利润"。而社会主义国家则是"用在高度技术基础上使社会主义生产不断增长和不断完善的办法，来保证最大限度地满足整个社会经常增长的物质和文化的需要"。① 因而，也只有在社会主义国家中，原子能才能为国民经济服务。

总之，在 1949 年至 1963 年，核能在不同阵营的"接合"之中被赋予的形象是尖锐对立的。这种对立则进一步地体现在媒介话语之中，如在 1955 年 3 月 11 日发表的这篇《一定要和平利用原子能》的文章中，关于核能的不同利用方式再度被拿来对比：

> 苏联从一开始就认为原子能必须为和平的目的服务，而不是为战争的目的服务。苏联的态度是始终如一的。当它还没有掌握原子武器的时候，它是这样；当它掌握了原子武器并且拥有肯定的优势时，它还是这样。当美国的原子科学家穿上了军装，在军事实验室里一心发展大规模杀人武器的时候，苏联的科学家们却在自己的实验室里为争取原子能早日造福人类而埋头工作着。当美国原子能委员会断言"我们看不出在二十年内，在最有利的条件下由原子核燃料为目前世界电力提供多大供应量"的时候，第一个原子电力站却在苏联开始发电了。②

又如在 1957 年 12 月 4 日发表的《社会主义各国和平利用原子能的情况》一文中，作者介绍了原子能在苏联、捷克斯洛伐克、民主德国（东德）、波兰、罗马尼亚、匈牙利、保加利亚、南斯拉夫等社会主义国家和平利用原子能的成就进展，这些成就涉及了原子能发电、原子能破冰船、核反应堆的建立等，作者指出："以苏联为首的社会主义国家，一贯主张原子能必须服务于和平建设和增进人类福利的目的，并主张在促进最新的

---

① 钱三强：《只有在社会主义社会中原子能才能为国民经济服务》，《人民日报》1954 年 7 月 7 日，第 3 版。

② 陈卓：《一定要和平利用原子能》，《人民日报》1955 年 3 月 11 日，第 4 版。

原子科学技术发展上进行广泛的国际合作。社会主义制度的优越性就提供了这种广泛合作的可能性。"而反观美国，"社会主义各国的和平利用原子能，给这些国家的人民带来了无限幸福的源泉。与此相反，帝国主义者却处心积虑地利用原子能来作为侵略工具，制造大规模的杀人武器。这充分表现出在利用原子能问题上的两种截然不同的路线"。①

当话语"接合"的对象不再是苏联与美国之时，即当核威胁危及的是全人类之时，这个问题就变成了一个超越意识形态的、现实的、迫切需要解决的问题。所以在这一时期，《人民日报》关于核能的另一方面的集中论述则是聚焦在反对核武扩散和核战争上，并且，这种反对核战争的态度一直延续至今。如在1958年4月13日的第3版，《人民日报》刊发了《反对西德走上原子战死路》的综合报道，指出原子战是一条"死路"，②又如对于永久中立国瑞士要用原子武器装备军队的这一做法，《人民日报》也表达了对于核武器扩散的极大关切。③

二　"歌唱原子反应堆"

而在对"他者"的核能进行意识形态"接合"之时，作为"自我"的中国也已经慢慢开展核能的探索，核能对于"自我"来说，也被赋予了特定的想象。

核能是一种力量的象征，倘若中国不能拥有，则会处于被动挨打的局面，正如陶孟和在1949年政治协商会议上所讲的："我们在学会了如何制造发动机的时候，我们就该及早研究原子核能的利用，否则等到人家已经利用原子核能为动力的时候，我们还停留在蒸汽、电力的阶段，我们依然是落在人后。"④

换言之，作为人类历史上一种划时代的能源形式，核能在中国人民对美好生活的向往中，也被赋予了一种"美好"以及"进步"的想象，在

---

① 凌海：《社会主义各国和平利用原子能的情况》，《人民日报》1957年12月4日，第5版。
② 《反对西德走上原子战死路》，《人民日报》1958年4月13日，第3版。
③ 《永久中立国竟要原子武装》，《人民日报》1958年8月10日，第2版。
④ 《中国人民政治协商会议第一届全体会议　各单位代表主要发言》，《人民日报》1949年9月24日，第2版。

《人民日报》的话语中，原子能的运用被看作一个新的时代的到来，像《在原子时代的门前》①《原子能时代的光辉》②《原子时代新事物》③ 这样的文章频繁见于报端。

1958 年，在苏联的援助之下，我国第一座原子反应堆建成，我们可以从诗歌中看到中国人民对于这种新生事物的赞美，如《人民日报》1958 年 9 月 29 日第 8 版上刊登了《歌唱原子反应堆》的诗歌④。

原子能不是高不可攀，

第一座原子反应堆，

已经在我国建成，

今天投入了生产。

原子反应堆啊！

你是科学技术的尖端武器，

你是社会主义建设的多面手，

你和理、工、农、医都有密切的关系。

你是物理学的法宝，

你是动力工程的天然燃料，

农业增产你有用，

医药治疗你也有功效。

在你的怀抱里，

铀棒大显神通，

它不断地发出连锁反应，

大量的中子力大无穷。

你能生产各种同位素，

同位素这东西，

就是各种元素，

---

① 〔苏〕尤·安宁科夫：《在原子时代的门前》，《人民日报》1956 年 6 月 18 日，第 4 版。
② 王天一：《原子能时代的光辉》，《人民日报》1956 年 7 月 16 日，第 7 版。
③ 《原子时代新事物》，《人民日报》1957 年 5 月 23 日，第 5 版。
④ 高士其：《歌唱原子反应堆》，《人民日报》1958 年 9 月 29 日，第 8 版。

和中子结婚后的产儿。

你的同位素本领高强，

它们能探测机械部件的损伤，

在全民为钢而战的重要关头，

它们又能检验高炉的胸膛。

在农业施肥上；

在保存粮食上；

还有治疗疾病等各个方面，

它们都有不少的贡献。

在党的领导和苏联的援助下，

你的事业发展起来了。

我们还要大搞原子能发电，

要大量地节省燃料。

在原子交通运输上，

我们要把全地球的距离缩短，

将来还要乘坐原子火箭，

到别的星球上去探险。

让战争狂人自己在原子弹面前发抖吧！

我们社会主义国家的原子政策：

是要致力于和平建设。

原子反应堆啊！

因为你是和社会主义建设紧密地结合在一起，

因为你是为全体人民谋福利，

让我们大家都来歌颂你。

在这首诗歌中，作者列举了原子能在动力工程、农业生产、医疗等领域中的作用，接着，作者又展开了对原子能使用的美好想象，如用原子能发电，用"原子交通运输"将全地球的距离缩短，又比如将来还要乘坐原子火箭去别的星球上探险。

又比如 1959 年 1 月 27 日的第 8 版，《人民日报》刊登了该作者另一首篇名为《原子反应堆》的诗歌，热情讴歌了原子能的巨大能量①。

> 像一座谷仓，
> 像一座碉堡，
> 蕴藏着无限的能量，
> 掩蔽着猛烈的火力。
> 铀棒，只像是一束筷子，
> 深藏在圆柱形的水泥体中；
> 而透过那一座座试验孔道，
> 正发生出神妙的奇迹：
> 同位素被送往医疗机构，
> 核反应在揭开物质秘密；
> 穿白衣的研究人员，
> 温静得像善心的护士一样；
> 但他们守护的不是病人，
> 是一个力大无穷的大力士！
> 它能翻山倒海，升天入地；
> 如今乖乖地听从人的支配。
> 要它为人类造福，
> 为和平事业服务，
> 发掘宇宙间一切资源，
> 来建设社会主义。
> 原子反应堆，
> 我们的原子反应堆！
> 我们的成就和骄傲，
> 我们的光荣和胜利。
> 来，跨进原子时代，
> 毛驴为我们服务得太久了，

---

① 方纪：《原子能两首》，《人民日报》1959 年 1 月 27 日，第 8 版。

> 让科学插上幻想的翅膀，
>
> 乘东风高高飞去。
>
> 像一座谷仓，
>
> 像一座碉堡，
>
> 蕴藏着无限的能量，
>
> 掩蔽着猛烈的火力。

　　作者指出了原子能的巨大能量和原子能为人类造福、为和平事业服务、建设社会主义的愿景。其中作者提到的"毛驴为我们服务得太久了"表现了作者对于中国进入一个新的动力时代的渴望。这一话语主题也与金塞拉所总结的"效能的"主题不谋而合。就 1950 年代的中国知识分子而言，他们显然已经认识到了核能的巨大能量。"让科学插上幻想的翅膀"则是体现着一种科学进步主义的思潮，对于刚结束"屈辱历史"的中国而言，科学无疑给了中国巨大的期待，当时的人们相信科学可以将中国带入更美好的明天。

　　在这里，我们也看到了《人民日报》对于"指代策略""述谓策略"等多种语言手段的使用，将原子能形容成一种划时代的能源形式，建构了中国民众对于核能的美好想象。

　　然而在斯大林去世、赫鲁晓夫上台之后，中苏关系处于恶化的状态之中。1963 年 7 月，美、英、苏三国在莫斯科举行会谈，签订了一个部分停止核试验的条约（不禁止地下核试验以及核武器），这引起了中国的强烈不满。因为这个三国合约的实质是保护拥核国的既得利益，而这对其他无核国家来说就是一种束缚，而三国所真正针对的国家无疑是"无核"的中国，《人民日报》在 1963 年 8 月 3 日第 1 版发表的《这是对苏联人民的背叛！》社论中援引了美国出席莫斯科会谈的代表的话并指出，三国之所以能够达成协议，是因为"我们能够合作来防止中国获得核能力"。面对这种"背叛"，《人民日报》指出，苏联是"出卖了社会主义阵营各国人民包括中国人民的利益，出卖了全世界爱好和平的人民的利益"，这条道路是"美苏合作，主宰世界"，是"不折不扣的美苏联合，反对中国"。[①] 自

---

① 《这是对苏联人民的背叛！》，《人民日报》1963 年 8 月 3 日，第 1 版。

此，中、苏原子能"利益共享"关系正式破裂，或许这也加快了中国成为一个"有核"国家的进程。而此前"和平利用原子能"和与"苏联"的话语"接合"也宣告终结。总之，话语总是嵌于特定的历史时空。

三　小结

原子能问题上的两条路线是话语"再现"和"建构"意识形态的一个很好例证，这一时期的核能具有了两种面向，并且每一个面向都是与特定的对象相勾连。

这一时期，《人民日报》的语言特色可以用"爱憎分明"来形容，即语言之中蕴含极其充沛的感情，在与不同对象的"接合"中，意识形态立场往往非常鲜明。

在与苏联尚未交恶时，《人民日报》在提及苏联对于中国原子能发展的帮助时，都是用相对正面的形容词，苏联也被塑造成"和平利用原子能的光辉榜样"。① 而对于美国等资本主义国家，《人民日报》使用相对尖锐的语言，比如将鼓吹原子能破坏威力的美国等国家的好战分子命名为"原子狂人"。《人民日报》还将反对苏联提出的关于在中欧建立一个无原子区的建议的西德总理阿登纳称为一个"美国导弹和原子武器的迷恋者"。② 当美国政府准备根据所谓"盖瑟委员会"的绝密报告加紧进行原子备战时，《人民日报》将此称为"疯狂的政府醉心疯狂的计划"。③

而当北大西洋集团国防部长召开会议时，《人民日报》又将其讽刺为"又在敲打'核威慑'的破锣"，④ 让人不得不感叹《人民日报》语言运用之"精妙"，"破锣"这一比喻的使用显示所谓的"核威胁"连声响都难以发出，更不要提发挥出具有实际性的力量。

总体而言，这一阶段关于核能的话语，在修辞上都显示了相对浮夸的文风，并且很多"述谓策略"都在与本土文化做"接合"。对于中国读者而言，这种"接合"也更具文化的贴近性。当然，也有极少数文章的文风

---

① 《和平利用原子能的光辉榜样》，《人民日报》1956 年 6 月 17 日，第 1 版。
② 《原子迷恋者》，《人民日报》1957 年 12 月 24 日，第 5 版。
③ 《疯狂的政府醉心疯狂的计划》，《人民日报》1957 年 12 月 25 日，第 5 版。
④ 《又在敲打"核威慑"的破锣》，《人民日报》1958 年 4 月 19 日，第 5 版。

是极为朴实的，这篇《原子反应堆是怎么回事？》是一篇典型的科普文章，① 作者通篇只介绍了原子反应堆的运作原理，在当时它也是难得一见的"硬文章"。

在论辩策略上，《人民日报》针对美国报纸进行了有针对性的反驳。1957 年 6 月，美国总统艾森豪威尔在回答是否停止核武器试验这一问题时表示，美国需要"四五年的时间"继续进行核武器试验，以制造一种不带微粒的"绝对干净的炸弹"。②"绝对干净的炸弹"实际上也是美国在为核武器"正名"，自然也招致了《人民日报》的反驳。《人民日报》以《怪论》为标题对此进行了批驳："'干净'一词似乎在今日的美国极为流行。正像杜勒斯③之流在'干净的炸弹'招牌后面企图继续进行肮脏的核试验一样，这些御用学者不过是用'干净的资本主义'幌子来加重对工人阶级的肮脏剥削罢了。"④

在这一时期，对于核能的风险面向《人民日报》也偶有提及，如 1958 年 8 月 12 日的第 7 版上，《人民日报》刊登了《联合国研究原子能放射影响的科学委员会　认为停试核武器有利人类健康》这一报道，报道中指出科学家们认为"由于核武器的爆炸而对周围发生的放射性污染使全世界的放射性程度日益增加。这种情况对于现在和未来的居民会产生新的和大部分为人们所不知道的危险"。⑤

第二节　1964~1977 年：打破核垄断与"自力更生"

1964 年 10 月 16 日，在中国西部的罗布泊上空，一朵巨大的蘑菇云腾空而起。在国际反华浪潮的冲击和国内三年困难时期的压力之下，中国第一颗原子弹爆炸成功，紧接着的 1967 年 6 月，第一颗氢弹试验成功，1971

---

① 王虹：《原子反应堆是怎么回事？》，《人民日报》1958 年 9 月 28 日，第 2 版。
② 《美政府仍要继续核武器试验》，《人民日报》1957 年 6 月 28 日，第 5 版。
③ 时任美国国务卿。
④ 《怪论》，《人民日报》1958 年 4 月 15 日，第 6 版。
⑤ 《联合国研究原子能放射影响的科学委员会　认为停试核武器有利人类健康》，《人民日报》1958 年 8 月 12 日，第 7 版。

年9月，第一艘核潜艇顺利下水……自此，中国进入"有核"国家行列。第一颗原子弹的爆炸成功，为中国打破强权、打破核讹诈提供了话语权。而第一颗原子弹爆炸不久，中国进入"文化大革命"时期（1966～1976年）。在缺资金、缺技术的情况下，中国的核能民用事业基本停滞。① 1970年，周恩来总理提出要建核电站，并且主持审查批准了第一座核电站的建设方案，但是这个方案直到改革开放时期才得以落实。

一　"打破核垄断，消灭核武器"

1964年10月16日15时，中国在西部地区爆炸了第一颗原子弹，成功进行了第一次核试验。次日（10月17日），《人民日报》在头版刊发了《加强国防力量的重大成就　保卫世界和平的重大贡献　我国第一颗原子弹爆炸成功》的头条文章，② 在文章中，中国政府也庄严声明，"中国在任何时候、任何情况下，都不会首先使用核武器"。同时，中国政府也"向世界各国政府郑重建议：召开世界各国首脑会议，讨论全面禁止和彻底销毁核武器问题"。

这篇头条文章可以说在相当长的一段时期内，奠定了中国对于发展核武器的态度以及阐明对于世界核武形势的认识。之后的很多核话语也是在这一基础上进行延伸。

文章在标题中即指出了这次的原子弹爆炸成功的双重意义，也给这颗原子弹的性质定了调，双重意义指的是，对国内而言，这是"加强国防力量的重大成就"，文章指出，"保护自己，是任何一个主权国家不可剥夺的权利"，亦即这个核试验是正当的，而"保卫世界和平，是一切爱好和平的国家的共同职责"，所以中国有责任、有义务去承担保护世界和平的重任，因而对于世界的意义而言，中国的这次核试验意味着"保卫世界和平的重大贡献"，这实际上也在表明这颗原子弹不是世界麻烦的制造者，而是世界和平的保卫者。这种定性也意在强调中国拥有核武，不是为了威胁

---

① Yi-Chong Xu, *The Politics of Nuclear Energy in China* (London：Palgrave Macmillan, 2010).

② 《加强国防力量的重大成就　保卫世界和平的重大贡献　我国第一颗原子弹爆炸成功》，《人民日报》1964年10月17日，第1版。

世界，而是作为对美国核霸权的一种反抗，"这是中国人民在加强国防力量、反对美帝国主义核讹诈和核威胁政策的斗争中所取得的重大成就"，中国有了核武器，世界的和平力量中就多了一份与美国核威胁相抗衡的正义力量。

换言之，中国此前是反对核武器的，如今自己却拥有了核武器。面对他国可能有的困惑，《人民日报》必须予以正面回应，因而文章进一步指出，中国本也可以不搞原子弹，但是为了应对美帝国主义步步紧逼的核威慑行为，中国不得已而为之："中国进行核试验，发展核武器，是被迫而为的。中国政府一贯主张全面禁止和彻底销毁核武器。如果这个主张能够实现，中国本来用不着发展核武器。"

文章接着揭露了美、英、苏三国 1963 年 "在莫斯科签订的部分禁止核试验条约，是一个愚弄世界人民的大骗局"，之所以是骗局是因为 "这个条约企图巩固三个核大国的垄断地位，而把一切爱好和平的国家的手脚束缚起来；它不仅没有减少美帝国主义对中国人民和全世界人民的核威胁，反而加重了这种威胁。美国政府当时就毫不隐讳地声明，签订这个条约，决（绝）不意味着美国不进行地下核试验，不使用、生产、储存、输出和扩散核武器"。

简而言之，这篇文章的目的在于向全世界阐释中国发展核武的 "被动性"，即中国发展核武器，是对美国的核威胁以及美、英、苏三国的 "阴谋合约" 的一种被动应对之策。

文章又列举了美国对于核武器生产更加 "精益求精" 的做法，以及美国不断威胁世界和平的一系列事实，如美国核潜艇进驻日本，威胁日本、中国和亚洲其他国家人民的安全；美国将核武器扩散到西德，威胁了东德等国家的安全；美国装备核导弹的潜艇，在台湾海峡、地中海、太平洋、印度洋、大西洋等世界各地游弋，"到处威胁着爱好和平的国家和一切反抗帝国主义和新老殖民主义的各国人民。在这种情况下，怎么能够由于美国暂时不进行大气层核试验的假像（象），就认为它对世界人民的核讹诈和核威胁不存在了呢？"

因而中国发展核武器，在性质上是一种 "自卫" 行为，是一种对美帝国主义霸权的被动回击。

　　文章也再次表明了中国发展核武器的最终目的，那就是要"消灭核武器"。文章援引了毛泽东同志在国共内战时期的一句话阐明了对于原子弹的看法，那就是"原子弹是纸老虎"，并且指出"过去我们这样看，现在我们仍然这样看。中国发展核武器，不是由于中国相信核武器的万能，要使用核武器。恰恰相反，中国发展核武器，正是为了打破核大国的核垄断，要消灭核武器"。所以中国也在声明和文中做出庄严承诺，"中国在任何时候、任何情况下，都不会首先使用核武器"。

　　为了表达消灭核武器的决心，中国还建议召开世界各国首脑会议，讨论全面禁止和彻底销毁核武器问题，并且第一步就是"有核国家应当保证不使用核武器，不对无核武器国家使用核武器，不对无核武器区使用核武器，彼此也不使用核武器"。

　　在文章最后，中国也表达了对于"爱好和平的国家和人民要求停止一切核试验的善良愿望"的理解，并且重申，"中国政府将一如既往，尽一切努力，争取通过国际协商，促进全面禁止和彻底销毁核武器的崇高目标的实现。在这一天到来之前，中国政府和中国人民将坚定不移地走自己的路，加强国防，保卫祖国，保卫世界和平。我们深信，核武器是人制造的，人一定能消灭核武器"。

　　这篇文章的重要意义就在于，它阐述了中国制造原子弹的动机、缘由以及最终目的。出于这样的论述目的，此时《人民日报》并未把原子弹爆炸成功作为中国可以与美、苏"掰手腕"的一种象征，而是极力强调其"和平"的特性。

　　在这篇头条文章之后，《人民日报》于10月22日、11月22日连续发表了两篇社论，继续阐明了中国的上述立场，不过这两篇社论的背景和针对性略有不同。

　　10月22日的《打破核垄断　消灭核武器》的社论针对的是美国总统约翰逊对于中国核试验成功的响应，① 一方面，社论指出："我国成功地爆炸了第一颗原子弹以后，在全世界引起了巨大的反响。一切反对帝国主义、爱好和平的人民，特别是亚洲、非洲、拉丁美洲的革命人民，都欢欣

---

　　① 《打破核垄断　消灭核武器》，《人民日报》1964年10月22日，第1版。

鼓舞，热烈赞扬我国人民的这个重大成就，支持我国人民为反对美帝国主义核讹诈和核威胁而采取的正当措施。"另一方面，社论则是指出美帝国主义的"万分恼火"，对约翰逊的回应做了一一批驳。第一，约翰逊说"不应该把这件事等闲视之"，社论表示，"这是美国政府在重大的国际事件上，表现得如此罕见的慌乱，前言不搭后语，正好说明了中国原子弹的爆炸是对美国核霸王的当头一棒"。第二，约翰逊说中国的核武器对于中国人民来说是"一个悲剧"，因为中国的"有限的资源"被用来制造核武器，而不能"用来改善中国人民的福利"，社论表示，"约翰逊的意思无非是说，中国是个穷国，搞不起核武器。帝国主义总是低估人民力量的……如果说是什么悲剧的话，不是别人的悲剧，而是美帝国主义的悲剧"。第三，约翰逊说中国有了核武器"只会增加中国人民的不安全感"以及"对和平事业没有帮助"，社论对此言论表示"诧异"，并且指出"谁都知道，美国发展核武器，是为了发动侵略、称霸世界；中国发展核武器，是为了保卫自己、维护和平"。第四，约翰逊认为中国是想用自己的核力量与美国做交易，社论表示"中国发展核武器，并不是想以此作为资本来同你们讨价还价，做一笔什么买卖，而是要打破你们的核垄断，进而消灭核武器，以便永远消除笼罩着人类的核战争危险"。

总之，在反驳美国总统约翰逊的响应中，社论进一步阐述了中国的"消灭核武器"的最终立场，亦即表明，中国发展核武器的制衡策略和和平目的。

11 月 22 日的社论《争取全面禁止核武器的新起点》，① 则更像一个参与世界核事务的宣言，换言之，中国认为有核之后，应该积极地在世界核事务中扮演积极角色，社论在标题中就表明了这种渴望，那就是中国的提议和做法会是解决核武问题的一个"新起点"，具体而言，即"中国政府建议首先达成保证不使用核武器的国际协议，为全面禁止核武器提供一个新的起点"。为了证明这种新路径可行，社论指出"所谓五个拥有核武器国家会谈，实际上是变相的核俱乐部"（此时拥有核武器的国家为美国、苏联、英国、法国、中国），因而社论指出对"由五个拥有核武器的国家

————————————

① 《争取全面禁止核武器的新起点》，《人民日报》1964 年 11 月 22 日，第 1 版。

举行会谈，讨论有关核武器的问题"这一主张，中国是不赞成的。美、英、苏三国签订的部分核不扩散合约，被中国视为一种对无核国家的束缚和压制，才导致了中国发展核武，因而此时中国提出要形成一个新的解决方案，一个由中国主导的"新起点"。

然而后来的历史发展证明，中国的这一"新起点"倡议似乎并没有得到其他四国的热烈响应，再加之中苏关系的完全破裂，以及中国进入"文化大革命"时期，核话语也随之发生了变化。

二 "核霸王"的"核讹诈"

这一时期，《人民日报》一方面大量报道亚、非、拉美等第三世界国家对于中国核试验的肯定认同，进一步宣传中国核试验对于世界和平的意义；另一方面继续对美、苏等国家的核政策进行揭露批驳。

"得道多助，失道寡助。"从 1964 年 11 月 18 日开始，《人民日报》陆续刊登了越南、柬埔寨、印度尼西亚、刚果（布）、古巴、墨西哥等国家以及日本共产党、比利时共产党、非洲统一组织、澳大利亚《先锋报》、巴基斯坦《成就报》、智利《最后一点钟报》、拉丁美洲一些公众舆论等方面对于中国核爆炸的祝贺以及舆论支持。这些方面的支持声音多集中在"反垄断""和平""贡献"等主题上，其立场基本上与中国一致，如中国的核试验"是必要的防御措施，也是为了在亚洲防止核战争。中国政府一贯主张全面禁止核武器，这个主张与日共立场完全符合"（日共中央政治局），[1]"打破了帝国主义国家的核垄断，你们的伟大胜利也是亚、非、拉美人民的伟大胜利"（柬埔寨外交大臣），[2] "对世界和平作出巨大贡献"（比利时共产党），[3]"中国原子弹是人民的原子弹和平的原子弹"（非洲民族主义政党）。[4]

从上述发出支持声音的国家来看，支持中国进行核试验的基本上是一

---

① 《中国核试验是必要的防御措施　也是为了在亚洲防止热核战争》，《人民日报》1964 年 10 月 19 日，第 1 版。
② 《中国打破了帝国主义国家的核垄断》，《人民日报》1964 年 10 月 19 日，第 1 版。
③ 《中国对世界和平作出巨大贡献》，《人民日报》1964 年 10 月 19 日，第 1 版。
④ 《中国原子弹是人民的原子弹和平的原子弹》，《人民日报》1964 年 10 月 22 日，第 4 版。

些属于第三世界的亚、非、拉美国家，很少有西方主流国家发来贺电，即使有，中国从这些国家获得的支持也大多来自一些具有反政府立场的报纸或者共产党组织的媒体。另外，也很少有从属于苏联阵营的社会主义国家发来的官方贺电。东欧的社会主义国家南斯拉夫因为和苏联交恶，在中国核试验这一问题上，选择坚定地站在中国这边。这也从侧面说明了，国际关系在某种程度上决定了他国对中国的话语立场。

另外，中国对于美、苏两大国尤其是美国继续进行揭露批驳，在话语上，将美国形塑为"核恶霸"，认为其核政策是一种"核讹诈"、其关于核武器问题上的建议为"新骗局"。

在1964年12月31日第4版发布的《核讹诈吓不倒革命的人民》社论中，《人民日报》将"美国的两艘'北极星'核导弹潜艇已经开到亚洲大陆沿岸的海面"的这一做法视为一种核讹诈和核威胁，并表示，"美国在亚洲能够依靠的力量不多了，就连它一手扶持起来的南越傀儡都靠不住了。正是因为这样，美帝国主义只得拿出核武器来吓唬亚洲各国人民。这绝不表明它的强大，恰恰表明它的虚弱和孤立"。[①]

1965年5月14日，中国成功地爆炸了第二颗原子弹。《人民日报》在5月19日第4版上继续对美国展开抨击，指出"中国第二次蘑菇云愈使万家欢腾几家愁，华盛顿抱着三国条约两手发抖"。[②] 这充分展示了《人民日报》娴熟的语言运用："第二次蘑菇云"是一种比喻，指代中国的第二次原子弹的爆炸成功；"万家欢腾几家愁"则是表明了这次爆炸以后中国的"得道多助"，美、英等国的"失道寡助"，独自发愁；而"华盛顿抱着三国条约两手发抖"则是指出美国的焦虑以及美、英、苏"三国条约"的破产，因为它无法阻止中国拥有核力量。

随着中苏关系在1966年左右的彻底破裂，苏联与美国一道成了中国批评的对象。需要指出的是，进入"文化大革命"时期之后，对于中国核立场进行宣扬的话语也在相对减少，这可能是因为国内形势的变化使得积极参与国际事务的"动力"不足，所以话语更多地转向了对美、苏等国核政

---

① 《核讹诈吓不倒革命的人民》，《人民日报》1964年12月31日，第4版。
② 《华盛顿抱着三国条约两手发抖》，《人民日报》1965年5月19日，第4版。

策本质的"揭露"。

1966 年 11 月，美、苏两国在联合国共同提案，"叫嚷着'尽早缔结一项关于不扩散核武器条约'"，《人民日报》指出这个所谓的"防止核扩散"的本质是"就是把核武器看作美苏两个核霸王霸占的东西，只许他们有，不许别人有。这就是要别人承认美苏这两个核大国的霸权地位，给美帝国主义进行核讹诈的侵略特权，而剥夺其他国家发展核武器以抵抗美国核讹诈的防御权利"。①

到了 1968 年，联合国通过了美、苏两国提出的"防止核扩散条约"，《人民日报》在 6 月 13 日第 5 版上发表了"本报评论员"的题为《美苏合谋的核骗局》的评论，评论指出"这是美帝国主义加紧推行反革命全球战略的一个重要步骤，是苏修叛徒集团出卖世界人民利益的一个严重罪行。是美帝、苏修进行反革命全球勾结的一个大阴谋、大骗局。中国人民坚决反对"。② 之后在 1975 年的联合国大会上，苏联又提出"全面彻底禁止核武器试验条约"的草案，《人民日报》使用新华社报道打出了《老货色新包装》的标题，继续抨击苏联的核政策。③

总之，在中国拥有核武器之后，《人民日报》的核能话语所展示的是第三世界国家的支持，以及美、苏在"核讹诈"的道路上越走越远的形象。

三 "自力更生、奋发图强"

原子弹的研制成功意味着人类对于自然界中最基本力量的掌握，它是20 世纪人类取得的重大科技进展之一。对于任何一个国家而言，掌握核能象征着本国强大的科技实力，尤其是对于此前苦难的中国来说，所以，1964 年第一颗原子弹的爆炸成功，绝对是中国引以为豪的科技成就。特别是这种成功，是在外有美国封锁、苏联撤走专家（1960 年），内有三年困难时期（1959~1961 年）的情况下取得的，这种成功特别能够反映中国人民自力更生、奋发图强的精神。

---

① 观察家：《美苏两个核霸王的又一笔交易》，《人民日报》1966 年 11 月 15 日，第 4 版。
② 本报评论员：《美苏合谋的核骗局》，《人民日报》1968 年 6 月 13 日，第 5 版。
③ 《老货色　新包装》，《人民日报》1975 年 11 月 14 日，第 6 版。

在原子弹成功爆炸的隔日（10月17日），《人民日报》就刊登了一则《新闻公报》，《新闻公报》指出，"一九六四年十月十六日十五时（北京时间），中国在本国西部地区爆炸了一颗原子弹，成功地实行了第一次核试验……中国工人、工程技术人员、科学工作者和从事国防建设的一切工作人员，以及全国各地区和各部门，在党的领导下，发扬自力更生、奋发图强的精神，辛勤劳动，大力协同，使这次试验获得了成功。中共中央和国务院向他们致以热烈的祝贺"。① 换言之，公报认为，中国原子弹的爆炸成功体现了中国人具有的"自力更生、奋发图强"的内在精神基因。这也在后续的报道中得以体现，如10月17日，全国人大常委会召开了第一百二十七次会议扩大会议，听取了有关我国爆炸原子弹的报告，委员们在讨论报告时强调，原子弹爆炸成功是"我国人民实行自力更生、奋发图强方针的胜利"。②

紧接着的10月22日，《人民日报》在头版的社论中指出，"帝国主义总是低估人民力量的。从中华人民共和国成立的第一天起，它们就一直在嘲笑中国的贫穷和落后，说中国这也搞不成，那也搞不成。似乎中国人民不听凭他们的摆布，不依靠他们的援助和恩赐，就什么也干不了。但是，站起来了的中国人民，是有志气的，是勇敢勤劳的。我们深深地懂得，如果不能有效地抵抗帝国主义的侵略，我们的一切资源，就都不过是帝国主义的囊中物；我们的和平劳动，就毫无保障。正是美帝国主义的核讹诈和核威胁，迫使中国人民自力更生，奋发图强，终于克服了重重困难，取得了抵制美国核威胁的手段"。③

在该日的第4版，《人民日报》又援引了法国一家报纸的消息，指出这家法国报纸在评论中国原子弹爆炸时说，中国第一次爆炸原子弹无疑表达了北京领导人要靠国内力量自力更生制造原子武器的意志，在经济困难和没有任何外援的情况下成功地爆炸了一颗核弹一事，可以被看作人们此

---

① 《新闻公报》，《人民日报》1964年10月17日，第1版。
② 《人大常委会举行第一百二十七次会议扩大会议　听取有关我国爆炸原子弹的报告》，《人民日报》1964年10月18日，第1版。
③ 《打破核垄断　消灭核武器》，《人民日报》1964年10月22日，第1版。

前也许有点低估中国的技术能力的证明。①

可以说，原子弹自爆炸成功起，就成了中国人民自力更生、奋发图强精神的象征。此时的中国，也的确需要这种精神来激励人民更有信心地建设社会主义。原子弹在当时而言，是科学技术的高峰，中国人在极端困厄的环境下能够将它造出来，还有什么比这个更鼓舞人心的呢？在1965年的新年献词中，《人民日报》提出："我国第一颗原子弹的爆炸成功，突出地显示我国自力更生地建设社会主义的力量的增长。我国的经济力量和国防力量从来没有现在这样强大。"② 在1965年5月5日，《人民日报》又在头版刊发《自力更生最可靠》一文，评论员指出："自力更生，赶上和超过世界先进水平，仅仅是一个美好的愿望吗？是吹牛皮，放大炮吗？不。原子弹那么复杂，我们不是也爆炸成功了吗？"③

直到1977年，原子弹爆炸成功依然作为一种"自力更生"的话语存在，在1977年10月10日第4版所刊登的《努力登攀　大有希望》一文中，作者就写道："二十八年来，我们从无到有，从小到大，逐步建立和发展了一系列新兴的科学技术。我们打破了帝国主义、社会帝国主义的封锁垄断，独立自主、自力更生地试验成功了原子弹、氢弹、人造地球卫星。"④ 当下的中国，已有许多类似于当初原子弹爆炸这样的成就，但若联想到当时的历史背景，就不难理解原子弹爆炸成功的激励意义所在，它的成功研制告诉当时的中国人，西方有的，我们也可以有。

不过需要指出的是，在这一时期《人民日报》具体的话语"接合"实践中，虽然不乏原子弹作为一种"自力更生、奋发图强"的伟大成就的话语，但是这些话语更多散落在各种主题的报道或者评论中，鲜有专门的社论或者专题报道。相反，原子弹在军事和国防领域衍生的核话语则是多次被报道出来。换言之，第一颗原子弹的爆炸成功虽然获得了在民族自强层面上的"礼遇"，但在这一特殊历史时期，原子弹更多被作为大国间的

①《中国核爆炸成就重大值得钦佩》，《人民日报》1964年10月22日，第4版。
②《争取社会主义事业新胜利的保证——一九六五年新年献词》，《人民日报》1965年1月1日，第2版。
③ 评论员：《自力更生最可靠》，《人民日报》1965年5月5日，第1版。
④《努力登攀　大有希望》，《人民日报》1977年10月10日，第4版。

"博弈筹码"，被赋予了"维护世界和平的重任"。本节第一、二部分就是这种"核话语"的集中体现。

总之，"文化大革命"的结束让中国进入新的历史时期，对于核能的科学认识也在逐渐恢复。从1977年开始，关于国外原子能专家、团队来访的报道明显增多，意味着国家已经再度重视原子能作为一种资源服务于生产建设的作用。

四　小结

这一阶段《人民日报》发表的文章带有些"平民式"文风，即传统的新闻报道朴实用词被大量的俚语、俗语、成语所取代，以贴近老百姓的日常生活。

俚语或者俗语的使用包括1964年10月22日的社论使用了"恶霸相""流氓腔"等词语来形容美帝国主义，讽刺约翰逊提出的核武交易是"以小人之心度君子之腹"；[①] 1964年11月22日的社论中使用了"对于这样的俱乐部，即使抬着轿子来请，我们也是不去的"[②] 这样的表述。1966年3月9日第5版《核恶霸的嘴脸》一文指出美国国防部长麦克纳马拉的声明只有一个意思，那就是"只许州官放火，不许百姓点灯"。亦即"他把威胁世界和平和各国安全的美国这个核恶霸，描绘成'天官赐福'：所有的非核国家，都可以指望依靠它提供'保护'。如果哪个国家要发展自己的核武器那就是打破'力量均势'"。[③] 在论及中国自己的核成就时，《人民日报》的标题也再次形象地描述了美国的反应："中国核爆炸使美国核霸王目瞪口呆，美国西欧报刊惊呼我核试验进展神速出人意外。"[④] 而针对美国宣布将建立针对中国的反弹道导弹系统的做法，《人民日报》形容这是"美国'核霸王'可悲的挣扎"，对于中国拥有核武器和导弹，"穷凶极恶

---

① 《打破核垄断　消灭核武器》，《人民日报》1964年10月22日，第1版。
② 《争取全面禁止核武器的新起点》，《人民日报》1964年11月22日，第1版。
③ 《核恶霸的嘴脸》，《人民日报》1966年3月9日，第5版。
④ 《中国核爆炸使美国核霸王目瞪口呆　美国西欧报刊惊呼我核试验进展神速出人意外》，《人民日报》1967年1月4日，第5版。

的美帝国主义……简直吓得不寒而栗！"① 这一时期所使用的俗语还包括"迷魂汤""美帝及其走狗""吹牛皮，放大炮"等。这些词语的使用可谓大快人心。

此外，这一时期的《人民日报》话语还大量使用典故、成语以及诗词歌赋，如 1977 年 5 月 13 日第 6 版，《人民日报》刊发了《打倒核迷信》的文章，其中就提出："大观园里贾宝玉的命根子是系在颈上的一块玉石，苏修的命根子是它的核武器。他们是一群地地道道的核武器拜物教徒。"②

俚语、俗语、成语的大量使用，虽然可以贴近读者，从而引起读者的共鸣，但是作为媒介的《人民日报》毕竟不是街头的大字报或者街头说书人的说书，大量使用这些语言也让《人民日报》的权威性大打折扣。但是，这种语言风格也是一种特殊历史时期的产物，不能代表《人民日报》的语言风格，在中国进行拨乱反正之后，这种语言风格很快得到纠正。

第三节　1978~1990 年：中国发展核电势在必行

1978 年 12 月 18 日至 22 日召开的中国共产党第十一届三中全会标志着中国正式进入了改革开放时期。长期被忽略的国计民生问题浮出水面，中国处于百废待兴之际，民用核电的发展也被再度提上议事日程并进入最终实践的阶段。与此同时，在这一时期，世界范围内又发生了三哩岛事故与切尔诺贝利事故，这对于发展中的中国核电而言，无疑是一种冲击，但是在迫切的能源需求之下，中国亟须发展核电，如何形塑核能发展的正当性成为《人民日报》的一大话语任务。

一　"核能的开发不容再犹豫了"

改革开放之后，中国进入新的历史发展时期。《人民日报》的核能话语也逐渐摆脱前一时期的夸张风格，以一种更加平和的语调介绍核能。1978 年至 1980 年，关于国外利用核能发电的介绍日渐增多，但所有介绍

---

① 《美国"核霸王"可悲的挣扎》，《人民日报》1967 年 10 月 16 日，第 5 版。
② 胡雪：《打倒核迷信》，《人民日报》1977 年 5 月 13 日，第 6 版。

都似乎欲言又止，即在宣传核电是一种新能源时，没有挑明中国也要朝这个方向努力，但实际上这种渴望一直存在。1979 年发生的美国三哩岛事故给这种念头浇了一盆冷水，但是中国拥核的力量也在蓄力，他们终于在1980 年初打破沉默，在《人民日报》上发出"中国要建核电站"的声音。

1978 年，《人民日报》刊出了多篇宣传核能发电的文章，从如下这些文章《全世界共有二百零一座核电站》①《访法国比热伊核电站》②《原子能发电》③《拉美第一座核电站》④，我们可以看出，《人民日报》对于当时世界能源的趋势是了解的，不过这些文章都是以介绍为主，始终没有提及在中国也要建设核电站。

在这种不明朗或者官方还在犹豫不决的形势之下，对于三哩岛事故，《人民日报》的相关话语还是偏向了批评的一面。1979 年 4 月 5 日，《人民日报》在第 5 版刊登了新华社关于三哩岛事故的首篇报道《美国核电站严重事故在国内引起强烈反响》⑤，标题用了"严重事故"与"强烈反响"这两个词语，在文中也指出了民众的慌乱与不满。

> 美国参、众两院的核管理委员会的官员认为，放射性物质将继续逸出达数周甚至数月之久……事故发生后，核电站邻近地区的居民惶恐不安。电站周围十五公里范围之内的所有学校都关闭，国家机构、工厂中大量人员缺勤，商店中顾客稀少，人们拥向银行提取现金以备撤退之用。当局声称，在爆炸危险最严重时，据信有二十万人离开了这一地区。州民防部门曾计划准备在这个核电站邻近的五个县里撤出一百万居民。在罗得岛州、马萨诸塞州、加利福尼亚州和俄亥俄州，人们示威要求停止建造或关闭核电站。

不过该文章并未将美国的核电选择一棒子打死，在文末也指出了，卡

---

① 《全世界共有二百零一座核电站》，《人民日报》1978 年 4 月 21 日，第 6 版。
② 《访法国比热伊核电站》，《人民日报》1978 年 5 月 24 日，第 5 版。
③ 于树：《原子能发电》，《人民日报》1978 年 9 月 24 日，第 6 版。
④ 江瑞熙：《拉美第一座核电站》，《人民日报》1978 年 10 月 19 日，第 5 版。
⑤ 《美国核电站严重事故在国内引起强烈反响》，《人民日报》1979 年 4 月 5 日，第 5 版。

特总统重新提出要求国会加快批准建造核电站计划的提案，该文还援引了卡特的发言指出："如果美国想减少对中东石油的严重依赖的情况，在使用核动力上没有别的路可走。"

在 1979 年 4 月 23 日第 5 版中，《人民日报》继续刊发三哩岛事故的相关报道——《美国核电站事故引起社会震动和不安》。[①] 当天同一版面上，刊发了另一同主题新闻《美国核电站事件在西欧引起强烈反应》，文章指出："不久前美国宾夕法尼亚州三里（哩）岛核电站发生的严重事故在西欧引起了强烈反响，迫使西欧一些国家政府在日益强烈的批评声中再次检查发展核动力的计划。"[②] 5 月 8 日第 6 版，《人民日报》又刊登了《美群众示威抗议使用不安全核电站》一文，并且引用示威发言人的话说："目前美国的核电站'太不安全，太不经济'。"[③]

不过这种对于核能的批评话语并未持续多久，在 1979 年 6 月 26 日第 5 版上，《人民日报》又刊登了《世界核电力工业发展迅速》的文章，指出："目前，世界上二十多个国家和地区已建成二百多座核电站，总装机容量超过一亿千瓦。还有不少核电站正在建设中，到 21 世纪末，预计核电站的发电能力，将占世界总发电能力的百分之三十左右。"[④] 可以看出，《人民日报》对于核能还是持一种支持的态度。可能是因为，就世界包括国内而言，发展核电在当时已是一种大趋势。

不过，虽然这种趋势已定，但中国发展核电仍然需要一个合适的时机。会议定调往往是中国的一大惯例，理解中国，必须从理解那些重要会议开始。1980 年 2 月 22 日，中国核学会第一次代表大会和原子能科学技术如何为四化建设做出更大贡献讨论会在北京开幕，王震和方毅两位副总理出席会议并讲了话。《人民日报》也在 2 月 23 日的第 4 版上刊出《原子能科学技术要为四化发挥更大作用　中国核学会首次代表大会和原子能科学技术讨论会在京开幕》这样的文章，预示着中国的核能民用发展将进入

---

① 《美国核电站事故引起社会震动和不安》，《人民日报》1979 年 4 月 23 日，第 5 版。
② 《美国核电站事件在西欧引起强烈反应》，《人民日报》1979 年 4 月 23 日，第 5 版。
③ 《美群众示威抗议使用不安全核电站》，《人民日报》1979 年 5 月 8 日，第 6 版。
④ 《世界核电力工业发展迅速》，《人民日报》1979 年 6 月 26 日，第 5 版。

新的历史时期。① 两天后，1980 年 2 月 25 日的头版上，《人民日报》终于发出了中国建设核电站的主张，著名核化工专家姜圣阶认为"我国已具备发展核电站的基本条件"，即在技术上，我国在研制核武器的过程中，已经成长起一支反应堆研究设计队伍和配套协作的科技队伍，他们积累了丰富的实践经验，"我们不应……妄自菲薄。核电站没有什么国内解决不了的技术难关，如果国外不给我们技术，靠我们自己的力量完全能设计出和建成核电站"。②

自此，中国已公开发展核电。此间发生的一个小插曲更是反映了当时的社会动向。1980 年 4 月 2 日，在第 6 版的一个小角落，《人民日报》刊发了署名为"真"的作者的《核电站事故造成甲状腺缺陷》的文章，指出："据美国以研究甲状腺机能衰退著称的匹兹堡儿童医院最近的研究报告，美国去年四月三里（哩）岛核发电站事故的逸出物，已使该地区一些婴儿在出生时有严重的甲状腺缺陷。"③ 在这一新闻被刊出之后，多位读者对该新闻事实持反对态度，《人民日报》在 6 月 15 日的《读者来信》这一栏目中以《这个新闻标题不够确切》的文章④将读者的反对意见发了出来，这些读者指出：

> 四月二日你报第六版《核电站事故造成甲状腺缺陷》这个新闻标题，不够确切，有些渲染过头了。据内容介绍，美国宾州三个县去年新生婴儿甲状腺缺陷的病例多了些，认为可能是三里（哩）岛事故造成的。文章中没有论述科学依据，也没有具体事实足以说明那些婴儿是碘-131 导致的甲状腺缺陷。据此，是不能随意下结论的，所以文章结尾也只是说："三里（哩）岛核电站事故……可能是婴儿有甲状腺缺陷的原因。"因此，标出《核电站事故造成甲状腺缺陷》这样一个

---

① 《原子能科学技术要为四化发挥更大作用　中国核学会首次代表大会和原子能科学技术讨论会在京开幕》，《人民日报》1980 年 2 月 23 日，第 4 版。
② 《我国已具备发展核电站的基本条件》，《人民日报》1980 年 2 月 25 日，第 1 版。
③ 真：《核电站事故造成甲状腺缺陷》，《人民日报》1980 年 4 月 2 日，第 6 版。
④ 欧阳予、虞冠新、林伟贤等：《这个新闻标题不够确切》，《人民日报》1980 年 6 月 15 日，第 3 版。

结论性的标题，是不恰当的；因为这样宣传不利于我们利用核能为和平建设服务。

从表面上看，这些读者是出于科学严谨的态度和较真的精神，但是最后一句话成了理解读者来信动机的关键，"这样宣传不利于我们利用核能为和平建设服务"，也就是说，在当时的有识之士眼中，发展核能已经成为一种共识了。

在这之后，《人民日报》呼唤中国加速发展核电的话语愈加频繁，也更加明确直接。这段时间话语的主旨也主要体现在三个方面，一是中国发展核电的迫切性，二是发展核电的大势所趋以及核电本身的优点，三是中国发展核电的可行性。

就中国发展核电的迫切性而言，《人民日报》在1980年2月28日发文指出："在石油供应比较紧张的情况下，世界各国解决能源问题的主要途径，将是增加煤的开发利用和大力发展原子能……但是，烧煤……严重地污染了全国上千个城镇。再这样烧下去，我们就无法建成一个干干净净的现代化国家。"与此同时，"我国是世界上第四个爆炸原子弹的国家，但是至今还没有建立自己的核电站。我国常规能源资源分布极不平衡，在经济比较发达但缺少能源资源又远离燃料产地的地区发展核电，对解决这些地区的能源尤为重要"。所以，"核能的开发不容再犹豫了"。[1]

紧接着，《人民日报》又在11月连续刊文指出，"我国核能专家呼吁：尽快在缺能地区建立核电站"，[2] 当时的情况是，中国的广东和辽宁等工业集中地区严重缺电。在论证这些缺电地区的能源选择时，核能专家主张"缺能地区发展核电站很合算"。[3]

这就涉及了世界其他国家发展核电的大势所趋以及核电本身的优点，就

---

① 杨志荣、朱斌、胥俊章等：《能源建设中的几个技术经济问题》，《人民日报》1980年2月28日，第5版。

② 陈祖甲：《我国核能专家呼吁：尽快在缺能地区建立核电站》，《人民日报》1980年11月11日，第3版。

③ 许万金、罗安仁、张崇岩等：《缺能地区发展核电站很合算》，《人民日报》1980年11月15日，第4版。

当时提及的核电的趋势及优势而言，核能专家姜圣阶的观点颇具代表性。

世界上已有二十二个国家和地区，拥有运行中的发电反应堆二百二十一座，全世界核发电量在总发电量中的比重，目前已达到百分之八，预计到二○○○年，可达到百分之四十五左右。其安全性、可靠性和经济性，均已得到实践的检验。同煤炭、石油相比，核电站对环境污染最小，是最清洁的能源。实践证明，核电是一种足够安全的能源。据美国环境保护机构的实测数据表明，核电站的放射性效应微不足道，它比烧煤电站排放的飘尘中铀、钍杂质所引起的辐射剂量要小得多。火电站除排放铀、钍等长寿命放射性物质外，还排放其他致癌化学物质，要比核电站周围居民因接触放射性物质引起的致癌危险大得多。①

在《漫话核电》这篇文章中，作者指出："核电有许多优点，能量密度高，燃料消耗少，对环境的污染小，对地区的适应性强，而且价格也便宜。"在安全性上，"有人总担心核电站的安全性。其实，这是不必多虑的。轰动一时的三里（哩）岛事故……本身并没有对居民造成任何危害……另一方面也说明，即使在设备故障和误操作重迭（叠）事故的情况下，核电站的安全设施仍然是有效的和可靠的"。② 换言之，作者认为，人们口中所说的严重的三哩岛事故实际上并没有那么可怕，这也更加印证了核电是安全的。

1981 年 2 月 8 日的第 2 版上，《人民日报》还专门刊出了《核电站安全吗?》的文章，对核电的安全性进行了专门的阐明，文章指出了人们存在的"核电站发生严重事故时，反应堆内的核能是否会造成原子弹爆炸那样的破坏"这样的担心，作者认为，"这种担心是由于对原子弹和反应堆的工作原理缺乏了解造成的。核动力反应堆所用核燃料，装在三层以上的密封容器之内，正常运行时放射性极少，即使是住在核电站附近的居民，所受到的放射性剂量也只相当于受自然界中天然存在的放射性照射的剂量

①《我国已具备发展核电站的基本条件》，《人民日报》1980 年 2 月 25 日，第 1 版。
② 虞云耀：《漫话核电》，《人民日报》1980 年 3 月 14 日，第 3 版。

的几十分之一"。所以，作者指出，核电站安全的主要问题并不是核反应堆的安全性问题，而是"带有强放射性的废物如何妥善地长期储存"的问题，并且指出"近来在这方面已取得相当大的进展"，密封地下掩埋"是保证强放射性废物长期不能危害于人的较好办法"。①

就可行性而言，正如上文中核化工专家姜圣阶所指出的，中国已拥有发展核电的人才队伍，类似观点更是指出"如果不及早确定核能的发展方针，拖延下去，不仅对核工业的发展不利，也将造成核动力科技力量的浪费和散失，这个损失将是无法弥补的"。②

总而言之，《人民日报》对于中国发展核电的论证工作已经开始，就等国家政策的进一步落实。此时的核能也被描述成"在丰富多采（彩）的能源世界里，核能是一颗冉冉升起的明星"，③"能源宝库里……一颗光彩夺目的明珠"，④ 核能被赋予了很高的期望。需要指出的是，以上这些话语基本上都来自核电专家，"从事原子能科学技术工作的广大科技人员，迫切希望把自己的知识和本领贡献给祖国的核电事业，为四个现代化出力"。⑤ 换言之，在中国的核电发展历程中，核工业领域专家们的推动作用是不能被忽略的。

二 "切尔诺贝利的主要危险已过去"

1982 年 2 月，国家同位素会议召开，会上指出"我国原子能事业已发展到一个新阶段，今后……要把重点转移到为国民经济和人民生活服务上来"。⑥ 实际上这也进一步表明了国家对于核能民用事业的发展态度。1982 年 8 月 20 日，《人民日报》在头版刊出的《我国第一座核电站前期建设进展快》这一新闻，标志着中国的核电建设是一个明确、公开的事实。⑦ 接着在 1982 年 11 月 11 日第 4 版，《人民日报》又发布了一条简讯，具体介绍了"我国自行设计研制的第一座三十万千瓦压水堆核电厂……厂址确定

① 罗安仁：《核电站安全吗?》，《人民日报》1981 年 2 月 8 日，第 2 版。
② 徐泽光：《及早确定核能在我国能源中的地位》，《人民日报》1980 年 6 月 14 日，第 4 版。
③ 虞云耀：《漫话核电》，《人民日报》1980 年 3 月 14 日，第 3 版。
④ 鲍云樵：《核能的重任》，《人民日报》1981 年 3 月 26 日，第 3 版。
⑤ 《我国已具备发展核电站的基本条件》，《人民日报》1980 年 2 月 25 日，第 1 版。
⑥ 《让原子能科学在经济建设中发挥更大作用》，《人民日报》1982 年 2 月 11 日，第 1 版。
⑦ 《我国第一座核电站前期建设进展快》，《人民日报》1982 年 8 月 20 日，第 1 版。

在……浙江省海盐县秦山"，并且指出"秦山位于杭州湾畔，核电厂依山临海，区域地质和厂区地质均属稳定，交通及给排水等条件都很方便"。①

在中国第六个五年计划中，秦山核电项目赫然在列，② 这标志着核电发展从核能行业的呼吁，正式成为国家层面的部署。与此同时，国务院也同意在广东兴建一座核电站，这座核电站的总装机容量为 180 万千瓦，厂址选在广东南部大鹏半岛大亚湾一侧。③ 自此，中国早期的核电建设计划得到确立。

此时需要官方媒体对此进行支持，于是出现了更加聚焦核能优势本身的论述。

如《原子能发电既经济又可靠》一文指出"核能是生产电力的可靠途径，它比其他现有能源更为经济……核能对人类环境造成的损害比煤和石油等矿物燃料造成的损害要少"；④《初访秦山》一文指出将来可以吃到用核电站循环水养的鱼；⑤《核电站不影响生态环境》援引了来自意大利的调查结果，证明"核电站周围的生态环境状况'令人十分放心'"；⑥《联邦德国的核电工业》一文则是指出联邦德国在 1973 年石油危机后认识到，建造核电站不仅可以摆脱对石油的依赖，经济便宜，比烧煤成本低一半，而且不会造成大气污染，因此发展核技术就成为联邦德国长期的方针；⑦《安全·可靠·价廉——瑞典核能工业参观记实》一文对核电的优势在标题中就进行了呈现，文章还指出"在瑞典常听人们说'瑞典什么东西都贵，唯独电便宜'"，认为这与瑞典核电工业发达有直接关系。⑧

总之，这一时期《人民日报》的文章从引用核电专家的论证，转变为记者的主动报道，并且《人民日报》有意识组织"专版"来进一步阐明中

---

① 《三十万千瓦核电厂定址秦山》，《人民日报》1982 年 11 月 11 日，第 4 版。

② 《国民经济和社会发展第六个五年计划》，《人民日报》1982 年 12 月 13 日，第 1 版。

③ 《广东将兴建一座核电站》，《人民日报》1982 年 12 月 24 日，第 1 版。

④ 《原子能发电既经济又可靠》，《人民日报》1982 年 11 月 21 日，第 6 版。

⑤ 郭伟成：《初访秦山》，《人民日报》1982 年 12 月 29 日，第 3 版。

⑥ 《核电站不影响生态环境》，《人民日报》1983 年 6 月 19 日，第 7 版。

⑦ 卢继传：《联邦德国的核电工业》，《人民日报》1984 年 3 月 2 日，第 7 版。

⑧ 刘绪民：《安全·可靠·价廉——瑞典核能工业参观记实》，《人民日报》1984 年 4 月 20 日，第 7 版。

国发展核电的必要性与迫切性。1984 年 5 月 17 日第 5 版是一个关于核能的专版。在这个专版中，《人民日报》刊发了一篇相较于以前态度有着大转变的关于三哩岛的报道——《一场虚惊之后——美国三里岛核电站事故堆在修复中》，文章标题将三哩岛事故定了性，一场虚惊而已。在正文中，作者们不仅指出多国调查团队一致认为，"事故的主要原因是操纵的失误"，"这次事故可能导致的死亡率，包括得癌症后的远期死亡率都等于零"。文章还对西方新闻界的做法进行了批判，指出了西方科学家们的抱怨："一部分反核者，利用许多人缺乏核电站知识而存有的恐惧心理，故意夸大事实的严重性，引起了人们的核恐慌"，"新闻界不明真相，无意中夸大了事故后果，严重歪曲、损害了核电的形象"。[①]

这说明《人民日报》也在呼应社会思潮的涌动，并且进一步发展核电的这种社会思潮。比如在同一版面，编辑还刊登了另一篇文章《莫把核电站当原子弹》，指出，"核反应堆是封闭得很严的，有安全壳、防护墙等一道道屏障，不会象（像）原子弹那样碎裂开来，造成杀伤和破坏。核电站水的回路也是密封的，排出的废水都要经过处理，不会危害人畜，破坏自然界的生态平衡"。[②]

不过在这一时期，国家对于核电发展的态度还是相对谨慎的。在广东大亚湾核电站中外合作的签字仪式上，时任国家副总理的李鹏在回答记者问时指出："在近期内，我国电力建设以火电为主，同时发展水电，核电只作为一种补充。在我国一些经济发达而能源资源又不足的地方，将计划建设一批核电站。"[③] 核电被国家定位为一种"安全、清洁和先进"的能源。[④]

换言之，与核工业者的热情投入相比，国家仍然持一种相对谨慎的态度。这是因为能源问题也是一种利益博弈，国家在资金有限的情况下，重点发展哪个行业也要经过一种利益分配的考量，如当时的三峡大坝等水力发电计划也在酝酿中，因而核电发展也必须论证其合理性。此时，《人民

---

① 徐扬群、李瑞芝：《一场虚惊之后——美国三里岛核电站事故堆在修复中》，《人民日报》1984 年 5 月 17 日，第 5 版。

② 任汉民、曲一日：《莫把核电站当原子弹》，《人民日报》1984 年 5 月 17 日，第 5 版。

③ 《李鹏副总理答新华社记者问》，《人民日报》1985 年 1 月 19 日，第 2 版。

④ 《我国要适当发展核电》，《人民日报》1985 年 4 月 30 日，第 2 版。

日报》继续发表一些为核电发展宣传的文章，如"莱茵河畔核电站并未带来危险"，[①] 继续宣传核电的安全性。

然而，正当核电工业在中国起步之时，1986 年 4 月 27 日发生的切尔诺贝利事故又让核电的光明前景蒙上了一层阴影。相较于 7 年前对美国三哩岛事故的颇带感情色彩的关切，《人民日报》对于切尔诺贝利事故的批评相对审慎，重在报道事实本身。《人民日报》先是在 4 月 30 日的第 7 版、5 月 1 日第 3 版上陆续刊登了《苏联核尘飘落邻国　北欧四国深受其害》[②]《欧美国家严重关注苏联核电站事故　表示愿意向苏联提供援助》[③] 等文章，转述了波兰等国"放射性碘落到植物上，可能通过牛奶传到人体中"的担忧。然后，《人民日报》5 月 1 日第 3 版在报道欧美国家严重关注的同时，刊登了《国际原子能机构说不应怀疑核电安全》的文章。[④] 5 月 3 日第 7 版上指出"苏联正采取措施消除核电站事故后果"，[⑤] 5 月 7 日第 7 版上又指出"清除工作仍在进行，放射性物质在减少"，[⑥] 5 月 10 日第 7 版上则是援引国际原子能机构总干事布利克斯的话指出"苏联核事故是迄今世界上最严重的一次，因为这次事故外泄的放射性物质比其他任何一次事故都要多和严重"。但是文中同时指出"基辅的一切都很正常，街上很多行人、居民和儿童的健康没有受到影响，那里还举行了国际自行车赛……基辅地区水源所含放射性物质的水平是正常的"。[⑦]

5 月 13 日第 7 版上《人民日报》继续刊发关于这一事故的报道，援引苏联部长会议副主席西拉耶夫的话指出"切尔诺贝利核电站主要危险已过去"，[⑧] 5 月 14 日第 7 版指出"十二国出口食品未受苏核事故污染"，[⑨] 5 月 16 日第 7 版上指出"世卫组织表示苏联核电站事故造成的污染已减弱"，

---

① 李钟发：《莱茵河畔核电站并未带来危险》，《人民日报》1986 年 2 月 18 日，第 7 版。
② 刘绪民：《苏联核尘飘落邻国　北欧四国深受其害》，《人民日报》1986 年 4 月 30 日，第 7 版。
③ 《欧美国家严重关注苏联核电站事故　表示愿意向苏联提供援助》，《人民日报》1986 年 5 月 1 日，第 3 版。
④ 《国际原子能机构说不应怀疑核电安全》，《人民日报》1986 年 5 月 1 日，第 3 版。
⑤ 《苏联正采取措施消除核电站事故后果》，《人民日报》1986 年 5 月 3 日，第 7 版。
⑥ 《清除工作仍在进行　放射性物质在减少》，《人民日报》1986 年 5 月 7 日，第 7 版。
⑦ 《苏联核事故是迄今世界上最严重的一次》，《人民日报》1986 年 5 月 10 日，第 7 版。
⑧ 《切尔诺贝利核电站主要危险已过去》，《人民日报》1986 年 5 月 13 日，第 7 版。
⑨ 《十二国出口食品未受苏核事故污染》，《人民日报》1986 年 5 月 14 日，第 7 版。

"东欧国家宣布受苏核事故影响地区辐射量达正常标准"。①

　　总体而言，《人民日报》对切尔诺贝利事故采取了平衡式的报道处理，不放大风险，也不淡化风险，到了后期，《人民日报》虽然也提及事故趋缓，但在5月14日第7版上刊登了"苏联切尔诺贝利核电站事故发生后，又有六人因烧伤和辐射而死亡，三十五人处于严重状态"的消息。② 联想到当时国内核电蓄势待发的背景，《人民日报》对于切尔诺贝利核事故报道的审慎态度也就不难理解。

　　换言之，《人民日报》也知道公众对于切尔诺贝利事故的担忧是什么，那就是核事故对中国人的健康有无影响，同时，对于正在起步的中国核电建设而言，《人民日报》也需要用话语来说明中国核电的安全无须多虑。我们可以从5月23日第3版《人民日报》国内版的一篇新闻《放射性烟云飘至我国上空》中感知一二。这篇文章除了强调中国未受放射性烟云影响之外，还特别指出："有关部门还采取措施，对我国正在运行的核反应堆加强安全分析、管理和监督；对我国正在建设的秦山核电站和广东核电站，加强核安全和环境保护审查以及质量保证，从苏联核电站事故中得到教益，进一步改善我国的核安全和环境保护工作。"③

　　在该日第7版国际版的《综述》栏目上，《人民日报》还刊登了新华社记者的文章《发展核电是必然趋势》，进一步地表明了《人民日报》的态度。文章指出："和其他领域一样，人类在发展能源过程中既有成功也有失败，不可能一帆风顺。人类正是在失败中不断总结经验教训，才取得了社会的进步。从目前趋势看，尽管核技术还有待完善，但发展核电显然是人类在能源发展史上一个不可逾越的阶段。"④ 这是在表明，切尔诺贝利核事故是一个教训，而不意味着核电发展的终结。所以，在后期的归因上，《人民日报》也报道了苏联方面给出的结论，"违反操作规程是造成核电站事故原因"，⑤ 换言之，这次核事故的原因是人为因素，而非核电本身不安全。

---

① 《苏联核电站事故造成的污染已减弱》，《人民日报》1986年5月16日，第7版。
② 《切尔诺贝利核电站事故又有六人死亡》，《人民日报》1986年5月14日，第7版。
③ 孔晓宁：《放射性烟云飘至我国上空》，《人民日报》1986年5月23日，第3版。
④ 江红：《发展核电是必然趋势》，《人民日报》1986年5月23日，第7版。
⑤ 《违反操作规程是造成核电站事故原因》，《人民日报》1986年7月21日，第6版。

三　"海魂系秦山"与"春到大亚湾"

之后在话语策略上，《人民日报》继续为中国的两大核电工程进行宣传，并且采取了论辩或再现策略：一是对国内关于核电发展大政方针政策、核电建设进展、核电安全性提升等进行常规报道，一般是以消息为主；二是进行常规建构，常规建构指的是使用通讯①等新闻体裁，即所报道的通常不是时效性强的新闻；三是专门建构，专门建构是指组织专版对某一问题进行集中论述。与常规的新闻报道或常规的建构相比，这种专门建构更加显性，即目的更加直接（见表4-1）。

表4-1　1978~1990年《人民日报》核电话语的论辩或再现策略

论辩或再现策略	新闻体裁与内容	建构特性
常规报道	以消息为主，通常是报道一些建设进展或者国家大政方针政策	常规的新闻报道看似是对现实的一种"再现"，其实是一种更加"隐蔽的建构"，因为选择什么、报道什么都是经过有意识挑选的
常规建构	一般是"无新闻由头"的介绍性的消息或者通讯。通讯是《人民日报》较常使用的一个新闻体裁，是一种新闻与文学的结合体。内容上，多涉及一些时效性不强，但需要集中宣传的人或事。文题多以虚题为主	常规建构则是刊发一些非时效性很强的消息，这种刊发往往是有意识的，因为对于非时效性的新闻来说，刊登必然要满足某种建构需要
专门建构	专门建构多采用专访的形式，让新闻当事人"现身说法"，或者以专版、组稿形式呈现	建构目的极为明确，利用专业人士或机构的说法去澄清或定调对一些事情的看法

资料来源：作者整理。

第一，常规的新闻报道看似是对现实的一种"再现"，其实是一种更加"隐蔽的建构"，因为选择什么、报道什么都是经过有意识挑选的。《人民日报》一方面强调国家对于核电发展的政策没有发生变化，如1986年6月22日第1版上报道时任核工业部部长蒋心雄向全国人大常委会汇报我国核电建设发展方针，指出"当前在大力发展火电、积极开发水电的同时，

---

① 此处的通讯特指中国的一种新闻体裁，与一般意义上的新闻通讯有含义上的不同。如没有特别指出，本文中所指的通讯，皆指在中国发展出的这种特殊新闻体裁。

有重点、有步骤地发展核电是适宜的"，①《人民日报》1987年9月8日在第1版上报道"李鹏在第六届太平洋沿岸地区核能会上重申中国将继续发展核电，在建造过程中坚持安全第一质量第一的方针"等，②旨在让担心中国核电发展的中外人士③吃下一颗"定心丸"。

另一方面，常规的新闻报道也在强调国家对于核电安全的重视，如"李鹏在视察大亚湾核电站工程时指出，国家正采取五项措施确保核电站安全"，④"为了贯彻质量第一、安全第一的方针，国务院批准核电厂安全法规"，⑤"我国核电站安全已有稳固技术基础"，⑥"我国建设核电站，安全第一，质量第一"，⑦"中国政府愿意签署并遵守关于核事故通报和核事故后紧急援助的两个国际公约"，在核电安全上加强国际合作，⑧"我国全面展开核安全监督"，⑨"我国核安全将做到万无一失"⑩等新闻，意在树立我国核电安全的形象。

特别值得一提的是，因为广东大亚湾核电站的联营性质，再加上该核电站临近香港，所以《人民日报》特别关心在切尔诺贝利事故之后香港民众对于大亚湾核电站的反应，如指出"核工业部部长蒋心雄发表谈话，政府对建大亚湾核电站决定不变，核电站的安全是有保障的，请香港公众放心"，⑪以及援引新华社的消息指出"香港一群众性核电考察团，赞成在大亚湾兴建核电厂"，⑫又如"香港核安全咨询委员实地考察后认为大亚湾核

---

① 《发展核电是对能源一种补充　必须做到安全第一质量第一》，《人民日报》1986年6月22日，第1版。

② 张何平、陈祖甲：《中国将继续发展核电》，《人民日报》1987年9月8日，第1版。

③ 大亚湾核电站有外资投入。

④ 何云华：《国家正采取五项措施确保核电站安全》，《人民日报》1986年5月22日，第1版。

⑤ 《国务院批准核电厂安全法规》，《人民日报》1986年7月19日，第1版。

⑥ 《我国核电站安全已有稳固技术基础　核燃料循环和后处理研究水平先进》，《人民日报》1986年9月2日，第3版。

⑦ 潘家珉：《我国建设核电站　安全第一　质量第一》，《人民日报》1986年9月4日，第3版。

⑧ 《中国政府愿意签署国际公约　加强国际合作安全发展核电》，《人民日报》1986年9月26日，第1版。

⑨ 李安定：《我国全面展开核安全监督》，《人民日报》1987年6月9日，第3版。

⑩ 张荣典：《我国核安全将做到万无一失》，《人民日报》1987年9月8日，第1版。

⑪ 陈祖甲：《政府对建大亚湾核电站决定不变》，《人民日报》1986年9月6日，第3版。

⑫ 《香港一群众性核电考察团　赞成在大亚湾兴建核电厂》，《人民日报》1986年9月18日，第3版。

电站工程质量上乘"① 等。

第二，如果说常规报道是一些有着明确"新闻由头"的新闻的话，那么常规建构则是刊发一些非时效性很强的消息，这种刊发往往是有意识的，因为对于非时效性的新闻来说，刊登必然要满足某种建构需要。常规建构的报道标题往往与事件无关，通常是介绍性的标题，如《安全利用核能》等，在这篇文章中，作者提及了切尔诺贝利事故，但是在结论中，作者指出："不少专家认为，只要做到未雨绸缪，在电站建设和管理工作中，严格遵守科学的规章制度，核能不失为一种比较安全、干净、发展前途广阔的能源。"② 其意图也就非常明显了。像《核能——最有希望替代石油的能源》③《石油资源储量有限　发展核能当务之急》④《核能——世界能源开发重点》⑤《核发电的优点》⑥《核电是有生命力的能源》⑦ 等，无一不是在强调核电发展的必要性与优势。

对于常规建构而言，通讯是《人民日报》较常使用的一个新闻体裁。通讯体裁指的是运用记叙、描写、抒情、议论等多种手法，具体、生动、形象地反映新闻事件或典型人物的一种报道形式。实际上《人民日报》的通讯更像一种"混合体"，即新闻与文学的结合，这种结合"采用文学笔法加以细致地描绘，使读者身临其境，如见其人，从而获得具体的印象"。⑧

这一时期，一系列的国内通讯包括《秦山，核电之城》⑨《海魂系秦山》⑩《为了共和国的光和热——记能源工业四十年》⑪《春到大亚湾——

---

① 黄幸群：《大亚湾核电站工程质量上乘》，《人民日报》1989年10月16日，第2版。
② 木雅：《安全利用核能》，《人民日报》1986年7月20日，第7版。
③ 李长久：《核能——最有希望替代石油的能源》，《人民日报》1986年8月28日，第6版。
④ 《石油资源储量有限　发展核能当务之急》，《人民日报》1986年10月29日，第7版。
⑤ 张友新：《核能——世界能源开发重点》，《人民日报》1989年3月27日，第7版。
⑥ 孟宪谟：《核发电的优点》，《人民日报》1989年8月20日，第7版。
⑦ 李鹰翔：《核电是有生命力的能源》，《人民日报》1990年4月16日，第7版。
⑧ 李良荣：《新闻学概论》，复旦大学出版社，2003，第96页。
⑨ 俞文明：《秦山，核电之城》，《人民日报》1989年9月9日，第4版。
⑩ 港洲、张鸣、远方：《海魂系秦山》，《人民日报》1989年12月11日，第5版。
⑪ 鹿舫：《为了共和国的光和热——记能源工业四十年》，《人民日报》1989年10月5日，第5版。

记李鹏总理考察广东核电站》① 《大亚湾的骄傲》② 《在这片国土上——来自大亚湾核电站常规岛安装现场的报告》③ 被刊发出来。这些文章往往富有感染力，能够引发读者的共鸣。

国际通讯更能体现《人民日报》的"良苦用心"，因为这需要统一安排驻外记者对某一议题进行集中报道，涉及的国家很多，包括日本、西德、美国、法国、墨西哥等。这一时期的国际通讯包括《多重防护　安全第一——访福岛第二原子能发电所》④ 《无可替代的能源战略抉择——西德核电事业巡礼之一》⑤ 《涓滴不漏的安全监督——西德核电事业巡礼之二》⑥ 《美国的核电工业（上）（美国通讯）》⑦ 《美国的核电工业（下）（美国通讯）》⑧ 《塞纳河畔的核电站（法国通讯）》⑨ 《核乏燃料后处理工业前途光明（法国通讯）》⑩ 《绿色土地上的希望——墨西哥绿湖核电站纪行》⑪ 等。其中的词语就包括"无可替代""涓滴不漏""前途光明"等，意在强调核能的安全性。

第三，专门建构则是目的极为明确，在编者按或者文章开头都会指出这篇文章的主旨所在，这种专门建构多采用专访的形式，如央视让当事人现身

---

① 邹爱国、牛正武：《春到大亚湾——记李鹏总理考察广东核电站》，《人民日报》1990 年 2 月 13 日，第 2 版。

② 侯湘玲、温天：《大亚湾的骄傲》，《人民日报》1991 年 1 月 3 日，第 1 版。

③ 邹大虎、贾建舟：《在这片国土上——来自大亚湾核电站常规岛安装现场的报告》，《人民日报》1991 年 8 月 13 日，第 2 版。

④ 孙东民：《多重防护　安全第一——访福岛第二原子能发电所》，《人民日报》1986 年 9 月 21 日，第 6 版。

⑤ 江建国：《无可替代的能源战略抉择——西德核电事业巡礼之一》，《人民日报》1986 年 11 月 25 日，第 6 版。

⑥ 江建国：《涓滴不漏的安全监督——西德核电事业巡礼之二》，《人民日报》1986 年 11 月 26 日，第 6 版。

⑦ 张允文、景宪法：《美国的核电工业（上）（美国通讯）》，《人民日报》1987 年 4 月 7 日，第 7 版。

⑧ 张允文、景宪法：《美国的核电工业（下）（美国通讯）》，《人民日报》1987 年 4 月 8 日，第 7 版。

⑨ 张启华：《塞纳河畔的核电站（法国通讯）》，《人民日报》1987 年 6 月 25 日，第 7 版。

⑩ 马为民：《核乏燃料后处理工业前途光明（法国通讯）》，《人民日报》1987 年 9 月 2 日，第 7 版。

⑪ 郭伟成：《绿色土地上的希望——墨西哥绿湖核电站纪行》，《人民日报》1989 年 2 月 15 日，第 7 版。

说法，或者利用专业人士或机构的说法去澄清或定调对一些事情的看法。

1986年8月1日第2版所刊登的《安全重于一切——访广东核电联营公司》用意也是非常明显，那就是让切尔诺贝利事故之后的香港公众安心，文章从"站址地震地质构造是稳定地区""管理体制对安全实施多重监督""对最大假想事故也作了测算""倾听一切有利核电站安全的建议"四个角度对大亚湾核电的安全性进行了论证，在最后一部分"倾听一切有利核电站安全的建议"中，作者援引时任广东核电联营公司总经理昝云龙的表态将用意进一步明确[1]：

> 记者见到了该公司总经理昝云龙。显然，他对香港市民在苏联切尔诺贝利核电站发生重大事故后，对大亚湾核电站的安全问题的忧虑已了解不少。他诚恳地说，香港人口稠密，存在着与内地完全不同的社会制度和表达意见的方法，对世界经济技术的发展也很敏感。不少市民对大亚湾核电站安全表示忧虑，我们是充分理解的。市民对大亚湾核电站安全的关注，提出各种问题，对我们切实加强核电站的管理、确保安全、力争万无一失是有促进作用的。过去我们对在大亚湾兴建核电站的有关安全情况确实是主动介绍不多，相信随着人们对核电站发展的了解增多，对核电安全问题的疑虑也会逐渐消除。作为广东核电联营公司，一定全心全意、全力以赴使核电站安全运行达到国际先进水平的要求，取得最佳安全效果。同时，也期望为保证核电站安全而采取的实际行动，能获得香港同胞信任。各方面的建议、批评，我们都会考虑。

1986年8月30日，《人民日报》在第3版上刊登了对时任国家核安全局常务副局长石广长的专访，指出"中国的核安全监督科学、严格、可靠"。[2] 在1987年的全国政协会议中《人民日报》专访了清华大学一级教授、中国原子能科学研究院研究员王洲，王洲指出："世界上发生过的几

---

① 黄幸群：《安全重于一切——访广东核电联营公司》，《人民日报》1986年8月1日，第2版。

② 艾笑：《中国的核安全监督　科学·严格·可靠》，《人民日报》1986年8月30日，第3版。

次较大的核电厂事故，都是由于管理不善造成的，是人为事故，并不完全是核电设备本身的问题……只要管理制度严密，尽可不必为人们发展核电而担心安全问题。"①

此外专门建构还包括组织专版，其目的性也更加明确，如在 1986 年 9 月 4 日的头版上预告："今天本报第五版刊登了核工业部负责人、高级工程师和放射医学教授的文章，对为什么要发展核电以及核电的安全等问题作了详细论述，并附有图表和数据。"第 5 版刊登了《发展核电是解决我国东南缺能的出路》《压水堆核电站三道屏障》《核电站与环境》《辐射对人类有没有危害？》等专访文章。

《发展核电是解决我国东南缺能的出路》一文的作者是核工业部副部长、高级工程师周平，他从能源问题以及中国核电发展条件的角度指出，"我国既迫切需要，又具有良好的条件发展核电。首先应解决东南地区的缺能问题，然后逐步改变全国的能源结构"。②

《压水堆核电站三道屏障》则是由核工程高级工程师臧明昌介绍中国正在建设和计划建设的核电站均为压水堆核电站，这种类型的核电站具有三道安全屏障，臧明昌指出"压水型核电站所具有的防止大量放射性外泄的各项安全设施，是万无一失的"。③

清华大学核能技术研究所副教授薛大知在《核电站与环境》一文中，从核电站与环境的角度指出"核电站在正常运行时，排出废物很少，有利于保护环境，是公认的清洁能源……核电站也存在着对环境的潜在危险，但……还有一些安全设施来减缓事故后果。可以说，压水堆电站产生严重事故的概率很小，而向环境释放大量放射性的概率就更小"。④

国际放射防护委员会第一委员会委员放射医学研究所所长、教授吴德昌在《辐射对人类有没有危害？》一文中指出，"核电是比较清洁与安全的能源，它在正常运行时对人类健康不构成潜在危害。事故发生时，从群体

---

① 王溪元：《赤子拳拳谈核电》，《人民日报》1987 年 3 月 31 日，第 3 版。
② 周平：《发展核电是解决我国东南缺能的出路》，《人民日报》1986 年 9 月 4 日，第 5 版。
③ 臧明昌：《压水堆核电站三道屏障》，《人民日报》1986 年 9 月 4 日，第 5 版。
④ 薛大知：《核电站与环境》，《人民日报》1986 年 9 月 4 日，第 5 版。

分析与其他危害因素相比也是可接受的"。①

与此同时，编辑还在这一版面上配发了"核电站较多的一些国家和地区核电统计表"的数据以及"许多核电站建在大城市附近"的资料，以证明中国的核电发展完全是合情合理的。

四　小结

1978 年，中国进入改革开放时期，发展经济成了第一要务，然而，东部沿海地区能源严重不足，再加上当时中国的交通运输能力有限，中国难以将西部的煤炭大量运往东部，依靠西南地区的水力发电，也是"远水解不了近渴"，于是发展核电被提上了议事日程，此时《人民日报》的主要话语任务在于论证核能对于当时的中国而言是一种亟待发展的能源，伴随这种社会背景，《人民日报》也开启了长达至今的支持核电发展的正面宣传。

这一阶段，一些意识形态意味浓厚的词语较少被使用，如苏修、美帝等，在语言风格上，《人民日报》也逐渐恢复一个大众媒介的身份，语言更加平实与中性。但是《人民日报》作为党和国家的宣传工具，在语言使用上，依然有着浓厚的感情色彩，这直接体现在多种修辞方法并用的通讯体裁中。

改革开放之前的一段时期，常规的新闻体裁基本上只剩下消息，其他体裁则近乎于感情色彩较为浓厚的散文。改革开放之后，以往的文风得以纠偏，形成了几种常见的新闻体裁，包括消息、评论、通讯以及新闻与文学混合而成的新闻特写等。其中消息一般采用"倒金字塔"结构，旨在简要交代一个新闻事实，所以这一时期的标题往往以实题为主，直接指出核电建设的进展等。而通讯以及其他混合体裁则被赋予了浓厚的感情色彩和运用了多种的修辞手法，也更加体现了话语修辞等的力量。我们从这些标题中就可感受一二：《秦山，核电之城》《海魂系秦山》《为了共和国的光和热——记能源工业四十年》《春到大亚湾——记李鹏总理考察广东核电站》《大亚湾的骄傲》《在这片国土上——来自大亚湾核电站常规岛安装现场的报告》……这些标题往往具有极强的感染力，能够引发读者的共鸣。

而《人民日报》国外记者发回的典型通讯则包括《多重防护　安全第

---

① 吴德昌：《辐射对人类有没有危害?》，《人民日报》1986 年 9 月 4 日，第 5 版。

———访福岛第二原子能发电所》《无可替代的能源战略抉择——西德核电事业巡礼之一》《涓滴不漏的安全监督——西德核电事业巡礼之二》《塞纳河畔的核电站（法国通讯)》《核乏燃料后处理工业前途光明（法国通讯)》《绿色土地上的希望——墨西哥绿湖核电站纪行》等，这些"指代"或者"述谓"手法的使用往往又在强调核能的安全性以及国外核能使用的普遍性。

实际上国内国外的通讯虽然都属于同一种体裁，但是仍然存在区别，这种区别就在于，国内通讯试图引发的是一种情感共鸣，感情色彩更加浓厚，而国外通讯的笔法更加平实，多用记叙和描写的手法介绍国外的核电事业，侧重于进行事实性的说明。这也充分体现了语言使用往往承载着不同的目的。

第四节　1991~2010 年：从国之光荣到民族核电

1992 年春天，邓小平南方谈话进一步确立了市场经济的地位，中国进入新一轮的发展期。随着中国的日渐发展，《人民日报》也需要对改革开放的成就进行总结，以激励人心。对于核电而言，随着秦山核电站和大亚湾核电站的相继运营，此时的话语不再过多地论证核电发展的迫切性、必要性和合理性，而是进一步与中华民族创新奋斗精神相勾连。与此同时，核电被视为一种能够在能源与生态之间取得平衡的能源，与之相关的核能话语也开始成为不可被忽略的声音。

一　中国特色的核电自主化发展道路

1991 年 12 月 15 日 0 时 14 分，秦山核电站并入华东电网发电。《人民日报》在 12 月 18 日的头版刊发了《我国和平利用核能的一项重大成就　秦山核电站并网发电》这一消息，此时仅在标题中指出这是我国和平利用核能的一项重大成就，[①] 在隔日 12 月 19 日的第 4 版上，《人民日报》也仅

---

① 唐庆忠、张军：《我国和平利用核能的一项重大成就　秦山核电站并网发电》，《人民日报》1991 年 12 月 18 日，第 1 版。

将秦山核电站的并网发电视为"我国核电事业里程碑"，① 换言之，这两篇文章的媒介话语所突出的更多还是秦山核电站对于中国核能事业发展本身的意义。

但是不久，一篇重磅通讯就来了，12 月 25 日，《人民日报》在第 3 版上刊发了《国之光荣——来自秦山核电站的报告》一文，文章的最后，作者将文章主旨进行了升华："中国自己设计建造的第一座核电站，以它特有的英姿，在地平线上出现了。8 年的心血和汗水，一代人的殷切期望，终于成为现实。这不仅仅是一座核电站，也不仅仅是每年 15 亿千瓦小时电力，这是中华民族无比的骄傲，这是（中华）人民共和国无尚（上）的光荣！"② 文章突出了秦山核电站自主设计建造的特性，在话语形塑中，秦山核电站也开始了与"民族骄傲"和"共和国光荣"的"接合"。

待到 1994 年 2 月 6 日大亚湾核电站正式投入商业运营时，其话语"接合"的是"改革开放的丰硕成果"，③ 是"改革开放的产物"，④"改革开放的春潮将这颗东方之珠托起，是先进的核电技术和空前的国际协作赋予它和平之光，核裂变异彩！"⑤ 自 1978 年中国改革开放以来，已经过去了近二十年的时间，中国的确需要一批成果去证明这种决策的正确性，所以，在论述中，《人民日报》不忘交代大亚湾核电站的产生背景："广东率先成为改革开放的'试验场'。然而，发展经济最重要的前提是能源，广东缺煤少电，水力资源也少得可怜。从长远看，要解决广东的能源短缺，必须发展核电。大亚湾核电站的蓝图就在这改革开放的第一个春天孕育了。"⑥

换言之，若说秦山核电站开拓的是自主自强之路，那么大亚湾核电站开创的则是开放合作之路，《人民日报》对于大亚湾核电站的"接合"是

---

① 卓培荣、蒋涵箴：《秦山：我国核电事业里程碑》，《人民日报》1991 年 12 月 19 日，第 4 版。

② 卓培荣、蒋涵箴：《国之光荣——来自秦山核电站的报告》，《人民日报》1991 年 12 月 25 日，第 3 版。

③ 本报评论员：《改革开放的丰硕成果——祝贺大亚湾核电站一号机组投入商业运行》，《人民日报》1994 年 2 月 7 日，第 1 版。

④ 江佐中、何平：《大亚湾核电站一号机组投入商业运行》，《人民日报》1994 年 2 月 7 日，第 1 版。

⑤ 温红彦：《大亚湾托起东方之珠》，《人民日报》1994 年 2 月 7 日，第 1 版。

⑥ 温红彦：《大亚湾托起东方之珠》，《人民日报》1994 年 2 月 7 日，第 1 版。

与改革开放联系在一起的，以形塑一个开放的、进步的中国形象。随着后来中国科教兴国战略的提出，自主创新发展高技术、实现产业化，成为中国一个主要目标，"跟着人家的脚印亦步亦趋，缓慢行进，不仅有损民族气节，而且将抑制我国科技人员及建设者们的积极性、创造性"。① 所以在之后大亚湾的话语"接合"实践中，日渐强调运行管理要朝着自主化迈进。1994 年，国家以大亚湾核电站为基础，成立了广东核电集团公司，并着手进行岭澳核电站的建设，"借鉴外国人承包建设大亚湾核电站的成功经验，岭澳核电站从土建工程开始，到设备安装，均以中国人为主，实现了大型核电站建设工程由中国人自主管理"。② 这些无一不在证明中国的核电建设正由学习借鉴朝着自主创新之路迈进。

在 2004 年和 2008 年，大亚湾与改革开放接合的话语又分别被提起。2004 年被提起的原因是当年的 8 月 22 日是邓小平诞辰 100 周年的纪念日，邓小平同志被誉为"中国改革开放的总设计师"，作为改革开放的硕果，大亚湾核电站的成功与邓小平同志息息相关，换言之，没有邓小平，就没有中国核电的大发展，更不会有在当时看来是冲击社会主义制度的中外合资、中外合营的大亚湾核电站，因而《人民日报》在 2004 年 8 月 22 日第 4 版上刊文指出："20 多年前，邓小平同志高瞻远瞩地指出：'核能是个好东西'、'核电站我们还是要发展'。从此，我国的核电事业从零起步，大踏步迈入国际商用大型核电站运营管理的先进行列。大亚湾核电站担负起了领航员的重任……大亚湾人正在用一个个辉煌告慰小平同志。"③

2008 年，恰逢改革开放 30 周年，大亚湾核电站又一次作为典范进入媒介话语之中，《人民日报》在 2008 年 11 月 5 日第 2 版、2008 年 12 月 28 日第 8 版、2008 年 12 月 29 日第 1 版分别刊文，指出了大亚湾发生的"裂变"，实现了邓小平同志"用这个项目作为我们对外开放的典范"的殷切期望；④ "改革开放铸就核电腾飞的翅膀……大亚湾……为纪念改革开放 30 年献上了一份特殊的礼物……大亚湾核电站 30 年的发展充分说明，没有改

---

① 《大力发展民族高技术产业》，《人民日报》1995 年 7 月 14 日，第 1 版。

② 曹照琴、谢国明、王尧：《大亚湾之光》，《人民日报》1998 年 1 月 9 日，第 1、2 版。

③ 王斌来、胡谋：《小平情系大亚湾》，《人民日报》2004 年 8 月 22 日，第 4 版。

④ 胡谋：《大亚湾的"裂变"》，《人民日报》2008 年 11 月 5 日，第 2 版。

革开放就没有大亚湾核电站，没有大亚湾核电站就没有中国核电的起步"；① "与改革开放同行——大亚湾核电站 30 周年"。② 这些话语又无一不在证明大亚湾的成功来自改革开放的伟大决策。

进入 21 世纪以后，《人民日报》的核电话语愈发强调"自主创新、发展核电"的重要性，指出，"秦山核电站建设的历程以及运行的经验证明，高技术是绝对买不来的，只有通过'以我为主'这样的磨炼（练），才能切实提高我们的自主设计水平和项目管理水平，才能真正实现多数核电设备在国内制造的目标"。③ 在 2001 年秦山核电站建成发电十周年之际，《人民日报》又刊发了中国核工业集团公司总经理的文章，以"一曲民族争气歌"盛赞秦山核电站：

> 秦山核电站……消除了人们对我国自主发展核电能力的疑虑，为祖国争了光，为民族争了气。核电从秦山起步，秦山核电站无愧为"国之光荣"……今天，我们可以自豪地说，我国已经基本走通了一条自主发展核电的路子，初步具备了以我为主发展核电的能力。这是我国走自主发展核电道路的一次成功实践，是高技术产业化、重大装备国产化的一次成功实践。④

此后，《人民日报》"推进核电国产化"⑤ 的话语越来越多，如"核电自主看岭澳"⑥ "中国人能对核电实施一流管理"⑦ "志在核电自主化——写在秦山二期核电站全面建成之际"⑧ "我国核电实现大型机组的自主设

① 胡谋：《改革开放铸就核电腾飞的翅膀》，《人民日报》2008 年 12 月 28 日，第 8 版。
② 黄全权、彭勇：《大亚湾核电站 30 年座谈会召开》，《人民日报》2008 年 12 月 29 日，第 1 版。
③ 南山：《自主创新　发展核电》，《人民日报》2001 年 1 月 9 日，第 10 版。
④ 李定凡：《一曲民族争气歌》，《人民日报》2001 年 12 月 15 日，第 7 版。
⑤ 南山：《推进核电国产化》，《人民日报》2001 年 12 月 15 日，第 7 版。
⑥ 朱竞若、陈家兴、胡谋：《核电自主看岭澳》，《人民日报》2002 年 7 月 3 日，第 1、2 版。
⑦ 廖文根：《中国人能对核电实施一流管理》，《人民日报》2003 年 12 月 15 日，第 11 版。
⑧ 蔡鹏举：《志在核电自主化——写在秦山二期核电站全面建成之际》，《人民日报》2004 年 5 月 11 日，第 11 版。

计、自主建设和自主运营"①"好一个自主建设的岭澳核电"②"'确保核电自主化开发建设目标的实现'，是今后核电发展的主题"③"我国核电自主设计能力再攀高峰"④"从全面引进到自主建设，中国广东核电集团闯出创新发展之路"⑤ 等。

其中，2002年8月5日头版所刊登的《挺起民族产业的脊梁——中国核工业集团公司推进核电国产化纪实》一文更是将核电产业誉为民族产业，⑥ 换言之，包括秦山核电、大亚湾核电、岭澳核电、田湾核电（1999年开建）的中国核电本身，成为中华民族自强不息的精神象征。这种话语"接合"对象的转换在2004年的《国之荣光》一文⑦中得到了体现，在这篇文章中，核电产业作为一个整体被提及，"核电发展的主动权从一开始就牢牢掌握在中国人自己手中。掌握主动权的中国人，书写了中国核电发展史上的一个个传奇"，"这是中国人成功的故事"，"令世界惊叹的是，从1991年第一个核电站投入运行，我国9个核电机组都没有发生过二级或者二级以上的核事件"等。总而言之，核电产业本身成了"国之荣光"。

2006年前后，中国提出建设创新型国家的战略，《人民日报》将这一背景之下的核工业视为"是国家的高科技战略产业，是为国家独立、民族自强而诞生的崇高事业"。⑧ 核电也成为民族核电，秦山二期核电工程也被视为"托举民族核电的希望"，⑨ 中国核工业集团公司自主创新之路被誉为"民族核电耀华夏"，⑩ 之后，《人民日报》又继续指出中核集团秦山核电

---

① 廖文根：《我国核电发展成绩喜人》，《人民日报》2004年5月25日，第11版。
② 杨义：《好一个自主建设的岭澳核电》，《人民日报》2004年5月27日，第1版。
③ 廖文根：《自主创业谱新篇——写在我国核工业创建五十周年之际》，《人民日报》2005年1月15日，第1版。
④ 廖文根：《我国核电自主设计能力再攀高峰》，《人民日报》2005年6月7日，第6版。
⑤ 胡谋、赵俊宏：《从全面引进到自主建设 中国广东核电集团闯出创新发展之路》，《人民日报》2005年8月29日，第2版。
⑥ 张毅、贾西平：《挺起民族产业的脊梁——中国核工业集团公司推进核电国产化纪实》，《人民日报》2002年8月5日，第1版。
⑦ 廖文根：《国之荣光》，《人民日报》2004年9月23日，第5版。
⑧ 晨曦：《坚持技术创新 发展民族核电》，《人民日报》2006年5月25日，第14版。
⑨ 廖文根：《托举民族核电的希望——秦山二期核电工程自主创新求发展的启示》，《人民日报》2006年5月25日，第14版。
⑩ 欧阳洁：《民族核电耀华夏》，《人民日报》2007年5月29日，第2版。

二期工程中使用的国产化核电设备是"民族核电的'中国心'"。① 2008
年，《人民日报》在报道成立还未满一周年的国家核电技术公司（以下简
称"国家核电"）时指出，"国家核电"所走的是一条"标准化设计、工
厂化预制、模块化施工、专业化管理、自主化建设"的中国特色的核电自
主化发展道路。② 在中国的语境之中，"中国特色"一词有着极为特殊的意
味，这个词意味着中国正在开创一种基于本土国情的历史伟业，如中国特
色的社会主义指的就是中国共产党把马克思主义与中国实际相结合实现马
克思主义中国化的最新理论成果，是科学社会主义的基本原则与中国实际
相结合的产物，具有鲜明的时代特征和中国特色。国家核电走了一条中国
特色的核电自主化发展道路，意味着国家核电之路在遵守国际核电发展规
律的同时，完成了对于国际核电一般发展道路的超越，这也是民族核电应
有的内涵之一。

此后，中国核电在自主创新中不断取得突破。2009 年 12 月 15 日中核
集团公司三门核电工程一期工程 2 号机组核岛正式开工建设，该项目在全
球率先运用可提高核电站安全性和经济性的第三代压水堆核电（AP1000）
技术。AP1000 技术被中国专家评为世界上最先进、最安全、最经济的第
三代核电技术，是由美国西屋公司研发的，但世界上还没有国家将 AP1000
技术真正实践，中国可谓敢为天下先，按照规划，从第五台机组开始，支
撑这一技术的设备可以基本实现国产化，而在消化、吸收、全面掌握
AP1000 先进技术的基础上，我国通过再创新开发形成大型核电技术的
"中国牌"——CAP1400，《人民日报》指出："届时，具有自主知识产权的
第三代核电站将横空出世，中国将由'核电大国'变成'核电强国'！"③

总而言之，核电话语由早期的在秦山和大亚湾上的分别"接合"实践转向
更加强调中国人自主自强之路，整个核电产业本身成为民族精神的一种象征。

二　发展清洁能源，保护生态环境

21 世纪以前，中国发展核电的一大动力就是能源的短缺，此时支持核

---

① 廖文根：《民族核电的"中国心"》，《人民日报》2007 年 9 月 28 日，第 5 版。
② 廖文根：《国家核电走中国特色自主发展道路》，《人民日报》2008 年 2 月 28 日，第 2 版。
③ 赵永新：《第三代核电，从引进到自主》，《人民日报》2010 年 2 月 9 日，第 8 版。

电发展还得力证核能是安全、清洁的，是环境友好的，而进入 21 世纪之后，中国对生态环境愈加重视，核电被视为一种能够在能源与生态之间取得平衡的能源，相关的话语建构随之展开。

1980 年代中国的核电政策基本上是"在近期内，我国电力建设以火电为主，同时发展水电，核电只作为一种补充。在我国一些经济发达而能源资源又不足的地方，将计划建设一批核电站"。① 也就是说，核电在早期的国家政策规划中只是一种补充存在，即用在那些严重缺电但火力发电成本太高的地区（当时中国铁路运力有限，无法保证火力发电所需的煤炭运输）。

在秦山核电站建成发电以后，《人民日报》就核电的优势进行了进一步论证，如转发《解放日报》的《秦山核电站安全万无一失》一文，指出秦山核电站所采用的压水型反应堆有着"三保险"式的层层设防，放射线不会外泄污染环境和危及居民健康；② 1993 年 12 月 9 日，《人民日报》在第 1 版中刊出的《核电：走出"瓶颈"的选择》则是指出煤电提供了经济发展的动力，同时成了交通运力紧张、环境污染的导源，核电则是解决"东南沿海地区经济发展的能源、交通、环境三大难题"的最佳选择；③ 1994 年 2 月 6 日，《人民日报》在第 7 版中再次明确核电是一种"安全、清洁、经济"的能源，其中的"清洁"面向指的依然是"核电站所产生的放射性物质一般是不允许泄漏到环境中的，运行时严格控制三废的排放量"④；在 1994 年全国"两会"上的一场与"环境保护"相关的记者会上，全国人大环保委负责人在回答香港无线电视台记者"中国在广东等地建起了核电站，请问政府有何安全保护措施？"这一问题时指出："目前中国只有两座核电站，即大亚湾核电站和秦山核电站，我们还准备在广东及沿海缺电地区再建一些核电站。我国核电站的安全系数是世界最高的，只要加强管理，不会对环境造成污染。另外，我国的核废料储存库也很安全可靠。最近，我邀请几位世界环保专家到大亚湾核电站考察，他们认为中

---

① 《李鹏副总理答新华社记者问》，《人民日报》1985 年 1 月 19 日，第 2 版。
② 柯小波：《秦山核电站安全万无一失》，《人民日报》1992 年 1 月 19 日，第 8 版。
③ 陈祖甲、朱竞若：《核电：走出"瓶颈"的选择》，《人民日报》1993 年 12 月 9 日，第 1 版。
④ 新雨：《核电：安全、清洁、经济》，《人民日报》1994 年 2 月 6 日，第 7 版。另外，"三废"指的是废气、废水和废渣。

国运用了世界上最完善和最安全的技术。"① 此时，香港媒体所关心的还是核电站的安全问题，而官员所回答的是核电在管理之下"不会对环境造成污染"。换言之，核电的"环境友好"还是指核电本身不会对环境造成污染。总体而言，此时的核电尚被认为仅是煤电的替代品，经济、安全，并且是一种不会对环境造成污染的清洁能源。

影响核电发展走向的另一大因素是环保在中国变成一股重要的社会思潮，环境保护成为中国的一项基本国策。但是根据《气候变化框架公约》，中国此时并没有限制二氧化碳排放的具体义务，② 因而这种环保思潮并没有成为一种政策压力而传导到核电发展的政策决策中。所以此时虽然提及核电的环境友好面向，但是中国依然从能源结构调整的层面考虑核电的发展，例如 1997 年，李鹏总理在全国电力工作会议上强调，"今后电力工业发展要坚持优化火电结构，大力发展水电，适当发展核电，因地制宜发展各种新能源发电"，③ 中国的核电政策由"补充发展"变成了"适当发展"，但是考虑的依然是优化电力结构。

进入 21 世纪以后，能源与环境两大问题成为中国社会发展的"拦路虎"，在这一背景之下，不少人认为核能能解决这些问题。如在《人民日报》于 2001 年 3 月 21 日第 6 版刊登的《走近核电站》一文中，作者直接指出，"能源和生态环境，是制约我国发展的两大难题。带着对这些问题的思考，记者来到我国建设中的秦山核电基地采访"，作者指出：

> 有人算过一笔账，1 座 100 万千瓦的燃煤电站，每年要烧 260 万吨煤，每天要 1 艘万吨巨轮或 118 节 60 吨火车皮来运送，而且每年还要排出 650 万吨二氧化碳、900 吨二氧化硫、4500 吨氮氧化物、32 万吨灰尘。但是在核电基地里，情况就截然不同。这里的烟囱根本不冒烟，只是一些经过严格处理的剩余蒸汽。而且就从辐射这一点看，它对邻近环境的辐射仅为一般火电厂的 1/3。核电站周围海水蔚蓝，绿

---

① 何伟、白剑峰：《重视环境保护　承担国际责任》，《人民日报》1994 年 3 月 16 日，第 2 版。

② 《中国的环境保护》，《人民日报》1996 年 6 月 5 日，第 1 版。

③ 魏赤娅、王言彬、韩振军：《加快电力工业两个根本性转变》，《人民日报》1997 年 12 月 31 日，第 1、2 版。

草如茵，给人一种十分清新的感觉。在这个仅几平方公里的地方，建造这么多大电站，总装机容量今后要达到 290 万千瓦，如果换成火电厂，光煤就堆满了。据介绍，核电站每年换一次料，大概只须用重型汽车拉一次……核电是一种高效、洁净的能源，的确名不虚传。①

类似这样指出核电节能减排效用的话语开始出现，如《人民日报》2001 年 12 月 15 日第 7 版在介绍秦山核电站时就指出"10 年运行与同等发电量的燃煤发电相比，向环境减排硫氧化物 10 多万吨、二氧化碳约 2000万吨"。②

到了 2004 年，核电的节能减排效用的话语得到了进一步彰显，此时中国对核电的发展政策由适度发展变成了加快发展，这是因为中国意识到，发展核电可谓一石两鸟，既可解决能源不足的问题，又可兼顾环境保护，就环境而言，"核电不排放二氧化硫和二氧化碳，是技术比较成熟的清洁能源。以核电替代煤电，不仅可以解决作为一次能源的煤炭供应紧张矛盾，而且可以降低大气污染物的排放量。就目前水平看，我国现有核电装机每年就可以节约燃煤 3000 多万吨，到 2020 年，如果核电比重由现在的1.6% 上升到 4%，则可以替代 1.4 亿吨煤炭，对环境的正面影响可想而知"。③《人民日报》还对"加快核电建设"这一政策导向专门发表评论说："长期以来，以煤电为主的能源结构，'北煤南运'和'西电东送'的能源输送走向，加剧了环境和运输压力。而已探明的水电资源即使全部开发出来，也难以满足经济社会发展的需要。因此，加快推进核电建设，就成为实现能源与经济社会和生态环境协调发展的重要抉择。"④

换言之，核电开始成为中国在能源和环境之间求得一种平衡的最优选择，它不再是一种可有可无的替代能源，而是一种必须加快发展的能源。2005 年，温家宝总理在考察大亚湾核电站时指出："发展核电是优化能源结构，调整能源布局，发展清洁能源，保护生态环境，满足经济社会发展

---

① 贾西平：《走近核电站》，《人民日报》2001 年 3 月 21 日，第 6 版。
② 李定凡：《一曲民族争气歌》，《人民日报》2001 年 12 月 15 日，第 7 版。
③ 冉永平：《核电：加快建设正当时》，《人民日报》2004 年 7 月 22 日，第 2 版。
④ 本报评论员：《加快核电建设势在必行》，《人民日报》2004 年 7 月 22 日，第 2 版。

对能源需求的有效选择。"①

　　随着气候变迁议题成为 21 世纪各个国家必须面对的一个现实，中国在 2007 年 6 月 5 日的世界环境日的前一天发布了《中国应对气候变化国家方案摘要》，《人民日报》在 6 月 5 日的第 14 版刊登了这一方案的摘要，方案摘要中的"中国应对气候变化的相关政策和措施"这一部分指出，中国将"通过积极推进核电建设，预计 2010 年可减少二氧化碳排放约 0.5 亿吨"。② 自此，中国的核电建设正式与应对气候变迁"接合"起来，在此后《人民日报》的媒介话语中，这种"接合"实践也不断被提及，如 2007 年 11 月 26 日，中国与法国关于应对气候变化的联合声明就指出要开展民用核电技术的合作。③

　　2008 年，中国的核电政策再次调整，当时新任的国家能源局局长张国宝在第一次跟媒体亮相中就提出，"发展核电是中国能源有序、健康发展的当务之急和战略选择，同时要积极发展风电、水电等清洁优质能源"，④ 核电由 1980 年代的作为其他能源的补充到 2008 年终于变成了一种优先发展的能源，是中国能源有序、健康发展的当务之急和战略选择。此时，核电的环境友好也不单单指的是核电在安全管理之下会是对环境无污染的，也是指核电在应对气候变迁中扮演着重要角色。

　　反映在媒介话语上就是《人民日报》在 2009 年 4 月 23 日第 6 版上刊出的《50 多年的发展历史，日臻成熟的核电技术——核能利用迎来春天》一文指出："面对化石燃料费用的急剧上涨和气候变化威胁的日益逼近，核能作为一种清洁、高效的能源，被寄予厚望……尽管世界金融危机尚未见底，受其影响，世界核电复苏的时间可能有所推迟，但只要世界经济社会发展对电力增长的需求不改变，全球气候变暖对减少温室气体排放的需求不改变，核电复苏发展的大趋势就不会改变。"⑤ 在 2009 年 12 月 9 日的

①　贺劲松：《坚持统筹规划　积极推进核电建设》，《人民日报》2005 年 1 月 15 日，第 1 版。
②　《中国应对气候变化国家方案摘要》，《人民日报》2007 年 6 月 5 日，第 14 版。
③　《中华人民共和国和法兰西共和国关于应对气候变化的联合声明》，《人民日报》2007 年 11 月 27 日，第 3 版。
④　朱剑红、姜赟：《优先发展核电》，《人民日报》2008 年 3 月 24 日，第 9 版。
⑤　丁大伟、杨晔：《50 多年的发展历史，日臻成熟的核电技术——核能利用迎来春天》，《人民日报》2009 年 4 月 23 日，第 6 版。

第9版上，《人民日报》又刊发了《减碳，中国一直在行动》的主题文章，指出中国的核能利用为应对全球气候变迁做出了积极贡献。①

三　西方的"能源政治"与核能争议

相较于中国国内核电发展的稳步前进，国外的核电发展有时充满争议。对于世界范围内复杂的核电发展，《人民日报》并没有视而不见和听而不闻，而是策略性地再现了这种争议。

第一，对于世界核能发展史上的大事，《人民日报》也是积极报道的，但是一般都放在国际版，很少在要闻版上突出显示。如在切尔诺贝利事故发生10周年、20周年之际，《人民日报》均刊发了相应的纪念文章，但在主题上，还是强调核电作为一种能源的重要性。如在切尔诺贝利事故10周年时，《人民日报》指出，"随着世界有机燃料储量的消耗，核能将成为21世纪人类赖以生存的重要能源。然而，如何确保核能的安全利用，则是摆在世界各国面前的一个不可稍有疏忽的紧要问题"。② 在切尔诺贝利事故20周年时，《人民日报》记者还深入切尔诺贝利隔离区采访：

> 记者也面对面看到了"石棺"。当年发生爆炸的4号机组用钢筋混凝土（俗称"石棺"）封闭，下面封存着约200吨核燃料。从百米之外的空地仰望"石棺"，看到的是个布满钢筋的梯形掩体，青灰色的混凝土外表夹杂黄色的铁锈，粗大的烟囱孤兀地伸向天空，如同镇妖的宝塔重重地压住下面曾肆虐过的"魔兽"。随行的记者拿出一个核辐射剂量探测仪。仪器因探测到超目标核辐射发出持续不断的嘟嘟声。探测仪显示这里核辐射强度为每小时440~670毫伦琴，高出正常值30~45倍。紧急情况部德米特里大尉说，政府打算今年夏天在"石棺"外表加盖一座新掩体，届时周围的一些建筑物将被清除，4号机组上耸立的大烟囱也将被拔掉。③

---

① 武卫政：《减碳，中国一直在行动》，《人民日报》2009年12月9日，第9版。
② 于宏建：《切尔诺贝利核事故十年》，《人民日报》1996年4月24日，第7版。
③ 谭武军：《零距离接触切尔诺贝利》，《人民日报》2006年4月29日，第3版。

在文章的最后一部分，作者指出切尔诺贝利的居民表示"灾难已经过去，生活还要继续"，以表示核灾难总是要被翻篇的，这篇文章有着相当重的积极意味。这篇文章被刊发在了当日的国际要闻版上，而在此前 4 月 27 日第 14 版的科教周刊·科技视野版面上，《人民日报》还刊发了另一篇相关文章，文章指出了中国在以切尔诺贝利事故为鉴之后，在核电安全上所取得的成就，"我国核电的安全业绩是值得骄傲的：没有发生过二级或者二级以上的运行事件；工作人员所受到的辐照剂量远低于国家规定的限值；核电站的环境辐射监测数据基本保持在本底水平。核电安全运行的良好业绩，使公众和政府决策部门树立了坚定的信心，为积极推进核电建设的决策奠定了基础"。①

这一时期，除了对切尔诺贝利进行跟踪报道外，《人民日报》也报道了《韩国发生核泄漏事故》②《日本　地震考验核电安全》③ 等文章。颇有意思的是，《人民日报》在 2008 年 7 月 22 日第 3 版上刊登了驻法记者所发回的文章，指出短短 10 天之内，法国接连发生两起核泄漏事件，核电安全敲响警钟，④ 然而该文发出后不久的 8 月 14 日，《人民日报》又在第 18 版"国际新闻版"上刊出了同一作者的另外一篇文章——《法国：核电安全有"法宝"》⑤，又对法国核电工业严密的核安全体系进行了报道。这说明，面对国外的核电争议，《人民日报》会基于新闻报道中的平衡原则进行报道，并不刻意夸大风险或者淡化风险。

第二，《人民日报》对国外核电议题更加隐蔽的建构就在于将国外的核电发展形塑成一种利益争斗的产物，换言之，相较于中国核能发展的和谐，国外的核能发展要受到各利益相关方的掣肘。如在《德警护送核废料》一文中，《人民日报》报道了德国当局与反对者之间的冲突，"当局认为这些核废料暂时存储几十年是安全的。但抗议者认为，核废料仓库不能防止飞机失事坠落撞击，存储容器坏了也无法修理，如爆发战争，容易成为导弹

---

① 孙勤：《以"切尔诺贝利"为鉴》，《人民日报》2006 年 4 月 27 日，第 14 版。
② 高浩荣：《韩国发生核泄漏事故》，《人民日报》1999 年 10 月 8 日，第 7 版。
③ 于青：《日本　地震考验核电安全》，《人民日报》2007 年 7 月 20 日，第 3 版。
④ 李琰：《法国核电安全警钟敲响》，《人民日报》2008 年 7 月 22 日，第 3 版。
⑤ 李琰：《法国：核电安全有"法宝"》，《人民日报》2008 年 8 月 14 日，第 18 版。

攻击目标而造成危害"。① 又如，《人民日报》在报道澳大利亚的核能事务时，选择使用了"激烈辩论"一词来反映该国的能源政治情况。② 在《利益驱动下的核电站存废之争》一文中，《人民日报》直接指出德国的核电争执"既是经济政策和生态政策之争，更是利益之争"。③

总而言之，《人民日报》将国外的核能争议更多置于一种能源政治的视角之下。这种话语"接合"实践对于中国核电发展的有利之处就在于，它一方面塑造了中国体制运行的高效率形象，另一方面在暗示，核能的争议更多是一种利益之争，而非核能本身存在问题。

第三，《人民日报》也将国际上的核能发展塑造成国与国之间博弈的筹码。这种话语形塑尤其体现在切尔诺贝利核电站的关闭争议上。切尔诺贝利核电站在 1986 年发生了第四号反应堆爆炸的事故。苏联解体后西方国家一直以该电站存在隐患为由要求乌克兰予以关闭，但是彻底解决电站关闭及相关问题需要大量的投资，乌克兰显然无力承担这笔开支，并且关停切尔诺贝利核电站也意味着乌克兰需要建设新的核电站，这又是一大笔支出。最后乌克兰与西方七国以及欧盟达成协议，后者提供援助来帮助乌克兰建设新核电站和善后处理切尔诺贝利核电站，而乌克兰需要在 2000 年关闭切尔诺贝利核电站。《人民日报》对此问题进行了长时期的关注，指出"切尔诺贝利核电站的持续运转影响了乌克兰与西方国家关系的发展，也使乌克兰'回归欧洲'遇到障碍"。④

换言之，此种论述也暗示了对于有些国家来说，核电站存废深陷在国际政治的博弈之中。此后类似的话语形塑也多次出现，如《人民日报》报道，爱沙尼亚若要加入欧盟，也必须拆除境内的一个核电站，⑤ 保加利亚亦是如此，其入欧的一个代价就是决定在 2006 年底之前关闭核电站的三、四号机组，⑥ 韩国更是受制于人，截至 2009 年底，韩国储存的核乏燃料已

---

① 刘华新、徐步青：《德警护送核废料》，《人民日报》1995 年 4 月 26 日，第 7 版。
② 李景卫：《澳大利亚 激烈辩论核能前景》，《人民日报》2007 年 1 月 19 日，第 7 版。
③ 刘华新：《利益驱动下的核电站存废之争》，《人民日报》2010 年 9 月 7 日，第 22 版。
④ 于宏建：《切尔诺贝利核电站前途未卜》，《人民日报》1997 年 11 月 4 日，第 7 版。
⑤ 魏崴：《欧盟开始东扩谈判》，《人民日报》1998 年 4 月 4 日，第 3 版。
⑥ 郭春晓：《保加利亚结束与欧盟入盟谈判》，《人民日报》2004 年 6 月 17 日，第 3 版。

累计超过 1 万吨，2010 年，据韩国政府预计，到 2016 年，现有的核乏燃料储存空间将完全饱和，由于核乏燃料属不受欢迎的高放射性材料，很难在其他地方专门修建储存设施，因此，妥善处理这些核乏燃料，成为韩国政府的当务之急。但是因为核乏燃料处理过程中能够提取出可用于制造核武器的原料钚，所以核乏燃料再处理问题也牵涉地区安全等复杂的政治问题。韩国和美国在 1974 年签署的《韩美原子能协议》中就明确提到，韩国被禁止对核乏燃料进行再处理。因而《人民日报》也指出，韩国政府要做的工作"远不止技术问题那么简单"。[①]

在这种国际关系的博弈中，《人民日报》是有着其鲜明的政治立场的，如在伊朗核问题中，美俄双方围绕俄罗斯同伊朗的一项核能合作产生纠纷，《人民日报》认为美国这是在搞双重标准，所谓双重标准就是："美国一方面反对俄伊之间的核电站合同，另一方面，对于自己的盟友以色列发展核武器，却从不表示异议。"[②] 在 2006 年 5 月 18 日第 3 版上，《人民日报》发表了《核扩散缘何难以遏止》一文，再次抨击西方的双重标准，"对于有些国家，西方对其和平利用核能听之任之，而对另一些国家，西方国家则采取高压政策——因为核能可能被转为军用，索性连民用也最好不要发展。这就是美国对朝鲜和伊朗的态度"。[③] 总而言之，《人民日报》在国际核能政治中，对于美国以及西方国家的双重标准一直持批评的态度，并且在语言使用上，使用一种他者与自我对立的语言，如"明令禁止"与"私下交易"、"西方"与"我"等。

《人民日报》对于国外核能议题的再现和建构，实际也表明，核能对于小国而言成为一种被大国钳制的工具，而以美国为首的西方对于小国仍然采取一种凌霸的态度。这也从侧面说明了中国的强大以及和平崛起。总而言之，《人民日报》通过内外的话语"接合"再一次证明了国内核电发展的"这边风景独好"。这一时期的中国核能发展可谓稳步前进，2010 年 3 月 5 日的第 14 版和 2010 年 3 月 15 日的第 20 版，《人民日报》还特别总

---

①　莽九晨：《核乏燃料再处理让韩国犯难》，《人民日报》2010 年 3 月 18 日，第 21 版。

②　古平：《也说"双重标准"》，《人民日报》1995 年 3 月 8 日，第 6 版。

③　沈丁立：《核扩散缘何难以遏止》，《人民日报》2006 年 5 月 18 日，第 3 版。

结了这一时期的成就：在建核电站的规模已居世界第一，率先应用了世界先进的第三代核电技术，核电机组安全运行纪录再次被刷新，年发电量超680亿千瓦时，至少减排二氧化碳6200万吨……①《人民日报》指出，中国核电发展正迎来战略机遇期。② 然而正当中国对核电事业的未来充满憧憬之时，日本发生了福岛核事故，中国的核能发展再次遇阻。

四 小结

1991年，秦山核电站并网发电，《人民日报》很快就称其为"国之光荣"。这也是中国核能话语变迁中的巨大转折，核能已不单单是一种进步技术了，也变成了民族精神的象征。在中国国内核电发展稳步前进的同时，世界其他国家的核电发展时常充满争议。在《人民日报》看来，国外的核电发展更多成为一种利益争斗的产物，它是一种国际关系博弈和地缘政治的筹码，而美国等西方国家则是一如既往地凌驾于小国之上。

在描述核能的"述谓策略"上，这一时期《人民日报》使用了大量形容核电优势的形容词，如"安全""清洁""经济""正确"等，并且多在标题中予以呈现，如《核电：安全、清洁、经济》③《核岛安全检测系统稳定可靠》④《核电站放射性废物可安全处置》⑤《适度发展核电是正确选择》⑥《核电专家指出 我国的核电站是安全的》⑦《十三年宁静的生活验证了一条朴素的真理 核电清洁又安全》⑧ 等。而为了展示中国核工业的门类齐全，《人民日报》使用了《色彩纷呈的核技术》⑨ 这样的标题。

这一时期，进一步使用通讯笔法，也较多使用了比喻、指代等修辞策

---

① 左娅：《核电迎来发展高峰》，《人民日报》2010年3月5日，第14版。

② 蒋建科：《我国核电迎来战略机遇期》，《人民日报》2010年3月15日，第20版。

③ 新雨：《核电：安全、清洁、经济》，《人民日报》1994年2月6日，第7版。

④ 陈祖甲：《核岛安全检测系统稳定可靠》，《人民日报》1998年3月3日，第5版。

⑤ 孟范例：《核电站放射性废物可安全处置》，《人民日报》1998年6月10日，第5版。

⑥ 蒋建科：《适度发展核电是正确选择》，《人民日报》2001年4月26日，第6版。

⑦ 廖文根：《核电专家指出 我国的核电站是安全的》，《人民日报》2004年8月12日，第2版。

⑧ 蒋建科：《十三年宁静的生活验证了一条朴素的真理 核电清洁又安全》，《人民日报》2005年1月27日，第14版。

⑨ 何工：《色彩纷呈的核技术》，《人民日报》2004年9月16日，第14版。

略，从而使核能与民族精神进一步"接合"起来。

　　比喻的修辞手法如"改革开放的丰硕成果"①、"东方之珠"（大亚湾核电站）②、"黄金人"（大亚湾核电站花巨资投入培养的核电技术管理人员）、③　"民族产业的脊梁"、"民族核电的丰碑"（秦山核电站二期工程）④　等。

　　指代的修辞手法应用包括"大亚湾的'能量'"，⑤　所谓"大亚湾的'能量'"指代了大亚湾核电站为中国电力行业所做的巨大贡献。"春""冬"等季节代词也被广泛使用在《人民日报》的话语之中，"春"往往代表着朝气蓬勃与欣欣向荣，《人民日报》也用此形容这一时期的中国核电发展，如《当"核电的春天"到来》，此处核电的春天指代的是"面对金融危机和节能减排的双重挑战，作为清洁能源的核电迎来了大发展的难得历史机遇"。⑥"春"在中国语境中所蕴含的另一含义则是党和国家的政策给发展注入了新的活力，所以"核电发展的春天来了"还可以指"党中央做出了'积极推进核电建设'的决定，中国核电发展迎来了久违的春天"。⑦《大亚湾的"裂变"》⑧　借用了核反应中的一个术语，"裂变"巧妙地与大亚湾的不断创新发展结合在了一起，颇具创意，又形象生动地展示了大亚湾的发展历程，《人民日报》的语言运用之妙由此可见一斑。《一曲民族争气歌》⑨　则是秦山核电站建成发电十周年的侧影，"消除了人们对我国自主发展核电能力的疑虑，为祖国争了光，为民族争了气"，"争气"一词容易让人联想到中国曾经的屈辱历史，也暗含着秦山核电站承载的历史使命，"一曲民族争气歌"这一句所凝聚的也是中国人民的团结一心。

---

① 本报评论员：《改革开放的丰硕成果——祝贺大亚湾核电站一号机组投入商业运行》，《人民日报》1994年2月7日，第1版。
② 温红彦：《大亚湾托起东方之珠》，《人民日报》1994年2月7日，第1版。
③ 曹照琴、谢国明、王尧：《大亚湾之光》，《人民日报》1998年1月9日，第1、2版。
④ 廖文根、袁亚平：《秦山二核：民族核电的丰碑》，《人民日报》2005年9月8日，第1版。
⑤ 曹照琴、谢国明、陈陆军：《大亚湾的"能量"》，《人民日报》2000年2月11日，第1、2版。
⑥ 蒋建科：《当"核电的春天"到来》，《人民日报》2009年11月26日，第19版。
⑦ 廖文根：《秦山丰碑》，《人民日报》2008年11月4日，第1、2版。
⑧ 胡谋：《大亚湾的"裂变"》，《人民日报》2008年11月5日，第2版。
⑨ 李定凡：《一曲民族争气歌》，《人民日报》2001年12月15日，第7版。

其他的指代用法还包括《改革开放铸就核电腾飞的翅膀》①《迈向核电发展新征程》② 等。

拟人的修辞手法也是《人民日报》经常运用的，在这一时期中较为精彩的拟人修辞手法运用无疑是《核电站畔问鱼虾》这一篇文章，一个"问"字，不仅写活了鱼虾，也写活了核电站周围生机盎然的景象，"在核电站前的海面上，点点渔舟正在撒下片片鱼网，一艘艘渔船穿梭作业。那景象竟比附近的海域更繁忙"。③

《人民日报》的语言功力体现在优美的描写之中，如在《小平情系大亚湾》中，④ 作者开篇先是将读者带入秀丽的风景之中，"8 月的大亚湾畔，浪花轻卷，海鸟翔集，蓝色、白色、绿色清新爽人。置身于一层层绿树鲜花中，很难想象，这里竟是全国规模最大的核电厂区"。接着指出，"一部大亚湾核电史，无声地见证着邓小平同志对中国核电事业的牵挂"。并开始回顾邓小平同志对于大亚湾核电的关怀历史，在文章最后，作者写道："蓝蓝的大亚湾，绿绿的大亚湾，小平嘱托久久回荡，激情跨越永不停歇。"在首尾呼应之中，文章的主旨也得到了升华，其中"蓝蓝的大亚湾，绿绿的大亚湾"使用了排比的修辞手法，不仅使读者读来朗朗上口，也再次描绘了大亚湾安静祥和的景象，这与人们印象中的核电站有着强烈的反差，也再次证明了核电站的安全与环境友好。

此种写作手法在另一篇文章《白鹭，在大亚湾展翅》中也得到了应用，⑤ 作者开篇先是写道："夏日的大亚湾，峰峦如簇、绿波依依。"如此描绘，让人丝毫不觉得这是核电站。在结尾处，作者则写道："在大亚湾核电站的厂区，处处能看到一只振翅欲飞的白鹭标志，这是中广核集团的徽标。20 年来，大亚湾畔的这只白鹭越飞越高，正在从南海之滨飞向全国、飞向世界。"《白鹭，在大亚湾展翅》这个标题让读者浮想联翩，"接合"到的是中国核电的美好未来。

---

① 胡谋：《改革开放铸就核电腾飞的翅膀》，《人民日报》2008 年 12 月 28 日，第 8 版。
② 胡谋：《迈向核电发展新征程》，《人民日报》2008 年 12 月 28 日，第 8 版。
③ 孟仁泉：《核电站畔问鱼虾》，《人民日报》2000 年 11 月 24 日，第 5 版。
④ 王斌来、胡谋：《小平情系大亚湾》，《人民日报》2004 年 8 月 22 日，第 4 版。
⑤ 刘磊：《白鹭，在大亚湾展翅》，《人民日报》2006 年 7 月 15 日，第 1、5 版。

《核电自主看岭澳》[①] 这一篇报道的语言手法如出一辙，开头是"大亚湾畔，水光潋滟，峰峦如簇"。结尾之处则是展望未来："岭澳核电站成功探索的核电自主建设管理模式，成为广东核电乃至中国核电发展高速路上的'引桥'。如今，广东核电更是雄心勃勃，在滚出了二核之后，他们又可望滚出三核……"这样的结尾给人以无限遐想，当然这里的"滚"字也是动词新用，指的是广东核电不断探索自主建设管理模式，且新的核电站慢慢发展壮大。

这一时期也出现了一种特殊的通讯体裁的篇章结构，通讯多是以描写来开头，结尾是进行主旨深化，体现了一定的篇章结构。而长通讯的结构更加明显，长通讯多是采用多层小标题并列的结构。多层小标题并列的这一结构，可以将零散的语料进行组合，大量内容可以由此展开。这种结构在多篇报道中得以体现，如《大亚湾托起东方之珠》[②] 的篇章结构便是"导语"（引人入胜的描写）—"三组并列关系的内容"—"结语"（让人浮想联翩的升华），其中"三组并列关系的内容"的小标题为对仗工整的四字成语或词语："春华秋实""质量为本""人类之友"。这三组小标题再现了大亚湾的历史意义、成就得来的保障及其环保属性。这种篇章结构在后来的通讯中被广为使用，如《核电：从秦山起步》[③] 一文的结构就为：

大标题：核电：从秦山起步
导语
小标题1：核能的发现；
小标题2：一段难忘的插曲；
小标题3：中国核电的一座丰碑。
结语

其他的还有：

---

① 朱竞若、陈家兴、胡谋：《核电自主看岭澳》，《人民日报》2002年7月3日，第1、2版。
② 温红彦：《大亚湾托起东方之珠》，《人民日报》1994年2月7日，第1版。
③ 肖佳：《核电：从秦山起步》，《人民日报》1995年7月31日，第11版。

大标题：大亚湾之光①

导语

小标题1：铸就"黄金人"，提前两年实现运行管理自主化；

小标题2：安全，核电的生命；

小标题3：引进管理，建立现代企业制度；

小标题4：以核养核，滚动发展。

结语

大标题：挺起民族产业的脊梁——中国核工业集团公司推进核电国产化纪实②

导语

小标题1：自主——国产化最坚固的基石；

小标题2：拼搏——国产化最雄壮的旋律；

小标题3：队伍——国产化最宝贵的收获；

小标题4：产业——国产化最诱人的目标。

结语

大标题：托举民族核电的希望——秦山二期核电工程自主创新求发展的启示③

导语

小标题1：有等待，有挑战，有惊喜——自主创新之路并不平坦；

小标题2：攻克核心技术，实现三大跨越——自主创新使国产化核电站总体性能达到20世纪90年代国际同类核电站先进水平；

小标题3：以我为主，牢牢掌握主动权——自主创新带动的不光是核电设计建造水平的跃升，也有力地推动了相关产业的发展，培养

---

① 曹照琴、谢国明、王尧：《大亚湾之光》，《人民日报》1998年1月9日，第1、2版。

② 张毅、贾西平：《挺起民族产业的脊梁——中国核工业集团公司推进核电国产化纪实》，《人民日报》2002年8月5日，第1版。

③ 廖文根：《托举民族核电的希望——秦山二期核电工程自主创新求发展的启示》，《人民日报》2006年5月25日，第14版。

了一大批科研设计、建造、调试、运行及管理人才；

小标题4：创立我国第一个自主化商用核电品牌——自主创新

"坚定了国家立足自主创新、发展民族核电的信心"。

结语

这种篇章结构实际上也一直延续至今，范例极为丰富，在大标题结构上，则是动词+名词的结构，如"挺起民族产业的脊梁""托举民族核电的希望"等。小标题内容也都寻求一种并列和层层递进的关系，将感情进一步流露，其中的"挺起民族产业的脊梁"更是对仗工整，"国产化最坚固的基石""国产化最雄壮的旋律""国产化最宝贵的收获""国产化最诱人的目标"体现了《人民日报》使用语言的考究。总体而言，这种篇章结构的特点就是，感情浓郁，有力透纸背之感，对于传播效果而言，我们要肯定这种极具感染力的笔法。

第五节　2011年福岛之后：中国核电的声音更响亮

21世纪以来，中国的综合国力和国际地位显著提升，对于核能发展而言，中国已不满足于"引进来"，随着核能科技的自主研发，中国也迫切希望自己的核电技术"走出去"。2011年的日本福岛核事故，虽然让中国国内的核电发展更加审慎，但是在国际核能产业中，中国发出的声音更加响亮。

一　"核电不能丢，仍然有前途"

2011年，日本东北部地区发生里氏8.8级强烈地震，引发大规模海啸，造成重大损失。福岛第一核电站也在事故中受损，发生核泄漏。受此影响，全球核电的发展也蒙上一层阴影。如当时的德国高票通过了由默克尔政府提出的核电退出法案，决定在2022年底前分阶段关闭所有17座核电站，"在日本核泄漏事故发生后，德国成了首先退出核能的重要工业国，其主流媒体对核事故的相关报道几乎一边倒地持负面情绪，举国上下反对核电的激烈程度远超其他欧洲国家"。①

一方面，《人民日报》表达了对核泄漏所引发的风险的严重关切；另一方面，《人民日报》认为，在节能减排与优化能源结构方面，核电仍然不可放弃。因而，在坚持核安全的前提下，核能仍然是一种值得信赖的选择。

在日本地震波及福岛的核电站之后，《人民日报》不断围绕灾难本身信息及灾后救援步步跟进等内容进行报道，② 所选用的话语时而指出日本的全力应对，如"日本竭力防止更多放射性物质泄漏"，③ 时而指出核电灾情的不利发展，如"福岛核电站污水泄漏阻止未果"，④ 但整体上并没有过分渲染核电事态的风险面向，而是强调风险尚处于一种可控的状态。一方面，这是因为福岛核事故的发生是严重的地震所致，在经历过 2008 年汶川地震之后，中国人民对于地震的破坏性还是感同身受的，中国人素有"一方有难八方支持"的同舟共济的精神，所以中国国家领导人对日本进行了慰问、祝愿和访问，以表明中国对于日本核灾难的人道主义立场，⑤ 所以此时并不会充分再现核泄漏所引发的恐慌景象，更多还是以一种关切的心态关注事件的发展。另一方面，中国国内核电大发展的态势似乎也不需要媒体太过于对核电进行负面报道。所以多种原因促成了在福岛核事故的灾情救援阶段，《人民日报》所采取的是一种关切的中性态度。

但是，当日本独断专行地向海洋排放低浓度核废液后，《人民日报》对此表达了批评和不满。《人民日报》指出日本遭受地震、海啸、核泄漏三重打击，是值得国际社会同情的，"但日本核危机仍在发展之中，核物质在大气、海洋中的扩散、影响非常复杂，是否会对其他国家造成损害不能由日本单方面认定，此类跨境核危机也无法由日本单独应对。日本在处

---

① 朱苗苗：《"德意志森林"与反核运动》，《人民日报》2011 年 7 月 14 日，第 21 版。
② 许多多：《核电议题的媒介报道：话语、框架与他者呈现——以〈人民日报〉对日本福岛核事故的报道为例》，载《北京大学新闻与传播学院·第二届"中欧对话：媒介与传播研究"暑期班论文汇编》，北京大学新闻与传播学院，2015。
③ 于青：《日本竭力防止更多放射性物质泄漏》，《人民日报》2011 年 3 月 16 日，第 1 版。
④ 于青：《福岛核电站污水泄漏阻止未果》，《人民日报》2011 年 4 月 4 日，第 3 版。
⑤ 许多多：《核电议题的媒介报道：话语、框架与他者呈现——以〈人民日报〉对日本福岛核事故的报道为例》，载《北京大学新闻与传播学院·第二届"中欧对话：媒介与传播研究"暑期班论文汇编》，北京大学新闻与传播学院，2015。

理国内危机的同时，应该推己及人，充分考虑事故可能对他国产生的影响……避免对其他国家造成损害，同时争取其他国家的理解和合作"。《人民日报》呼吁日本"作为最基本的义务，日本应及时、全面、准确地向各国，特别是周边国家通报核事故处理情况及对其周边海域的影响，在作出排放核废液等可能涉及跨界环境损害的重大决定前，审慎研究、及早通报，必要时与受其影响的国家进行充分协商"。而作为日本近邻的中国，则"对日本核事故的处理理所当然地表示关切，并有权根据事态的发展采取进一步行动"。①

总而言之，《人民日报》实际上还是充分表达了对于核能风险的忧虑和关切，体现了对于本国人民健康负责任的态度。但是与此同时，《人民日报》并没有否定核能本身，这种反对更多与日本方面只顾一己私利、独断专行的做法有关，对于核能，《人民日报》依然传递了一种支持的态度，一方面，核能的确是一种难以被替代的能源选择；另一方面，日本在核安全方面的重大过失，并不意味着其他国家的核安全状况也是如此，尤其是对于核安全状况良好的中国来说。

因而，在2011年6月7日，福岛核泄漏发生还不满3个月，《人民日报》就在一篇报道中指出："'减排'与供电，还得发展核能。"报道援引亚洲开发银行区域和可持续发展局顾问田军的观点指出，"在保证完成二氧化碳排放指标的同时要保证供电，发展核能几乎是唯一途径，因此，大多数国家的核能开发不可能停止"。②

德国在福岛核事故之后选择了弃核，对此《人民日报》指出："德国弃核，无关安全。"③ 换言之，在《人民日报》看来，德国放弃核能，"一方面与德国向可再生能源社会转型的尝试有关，另一方面也是执政党和反对党选举政治博弈的结果"，而并不是基于核电是否安全的考量。事实上，德国弃核一直有着其深层的历史文化背景，对此《人民日报》有所洞察。如这一时期刊登的《"德意志森林"与反核运动》一文就指出："撇开现

---

① 傅铸：《排放核废水，日本不能独断专行》，《人民日报》2011年4月9日，第3版。
② 暨佩娟：《"减排"与供电，还得发展核能》，《人民日报》2011年6月7日，第21版。
③ 管克江、黄发红：《德国弃核，无关安全》，《人民日报》2013年6月19日，第22版。

实政治对德国核电……的影响，德国社会的反核文化是不容忽视的深层因素。这一文化思潮兼具西方反核运动的共性和德国社会的个性。共性在于，它产生的直接背景是战后欧洲生态环保运动与和平运动；个性则在于，自 19 世纪以来，德国社会以'反现代'为特征的德意志浪漫派一直与'科技至上'现代主义进行着激烈的碰撞和斗争。"① 实际上，早在 2000 年 10 月 26 日第 7 版上，《人民日报》也刊发了《学一学德国》的文章，文章同样指出了德国文化中所蕴藏的对于技术进步让全球生态环境付出沉重代价的反思。②

在《德国核废料"回家"受阻引深思》一文中，《人民日报》指出："有人希望彻底放弃核能，重建一个无核化的世界，但不少国家的经济发展短时间内又离不开核能这一动力源泉。这一悖论可能在未来很长一段时间内折磨着人们的神经。"③ 而对于欧盟内部来说，无论是挺核国家还是反核国家，都面临地缘政治压力。一方面，时不时遭受俄罗斯"断气"（断供天然气）威胁的欧盟，一直试图通过发展核电而争取能源独立。另一方面，在欧洲民众整体反对核电建设的背景下，任何一个欧盟国家发展核电的决定都是艰难的。《人民日报》认为，对于法国而言，核电技术已经不仅仅是技术和利益的代表，更是本国能源独立的象征，核电技术是法国手中叫得响的一张经济"王牌"，放弃核电意味着将对法国的"工业、经济和就业构成灾难性影响"。而对于德国来说，退出核能意味着德国将从电力出口大国变成进口大国，德国最后可能会变成意大利那样，即虽然国内放弃了核电站，但进口的电力多数来自外国的核电站，而且无法掌控电价。仍是在《德国弃核，无关安全》这篇文章中，《人民日报》直截了当地指出：德国在完全关闭核电站后，仍要从周边国家进口核电，因而所谓弃核，也完全是一种政治决策，而非受到安全因素的左右。《人民日报》也指出了德国弃核的后果就是，德国 2012 年二氧化碳排放量上升，对欧洲电力市场带来的波动也不容小视。《人民日报》认为，"德国向可再生能源

---

① 朱苗苗：《"德意志森林"与反核运动》，《人民日报》2011 年 7 月 14 日，第 21 版。
② 孙恪勤：《学一学德国》，《人民日报》2000 年 10 月 26 日，第 7 版。
③ 管克江、郑红：《德国核废料"回家"受阻引深思》，《人民日报》2011 年 11 月 29 日，第 22 版。

社会转型的尝试和做法，无疑值得世界各国借鉴，但对其政策反复带来的政治经济代价的反思也未停止"。① 在 2013 年 9 月 16 日第 22 版上，《人民日报》再度以《德国能源转型拉响警报》为题指出了德国能源转型之路的艰难。②

2013 年 6 月 30 日，《人民日报》在报道第三届面向 21 世纪核能部长级国际大会时继续指出："福岛核事故曾引发全球对核电安全高度关切，德国、法国、意大利等国爆发反核游行，德国等多个国家提出逐步减少核能运用。"就在西方国家对核能前景争吵不休之际，"新兴市场国家和发展中国家核能产业却是方兴未艾"。文章援引俄罗斯能源专家的话指出，"核能产业有几个优点：一是减少温室气体排放、保护环境；二是促进能源结构多元化；三是促进相关科技与出口业发展。这是俄罗斯拥有丰富油气资源却依然大力发展核能的原因。而对于能源资源不丰富的国家，发展核电更能够降低本国能源对外依赖性"。文章认为："这次大会表明，对于很多国家来说，核能依然是提高能源安全的一个重要选择。"③

简言之，福岛核事故虽然给国际核能事业发展带来了冲击，但是基于种种考量，《人民日报》指出核能是一种难以被替代的选择。而对于国内的核能发展，这一时期的《人民日报》有同样的话语安排。

二 "确保安全的前提下高效发展核电"

对于中国而言，福岛核事故也在影响着本国的核电发展政策，《人民日报》也在及时地传达中央关于核电的态度。

在福岛核事故刚发生之时，国家需要缓解民众的焦虑。因此《人民日报》就百姓关心的福岛核事故的核辐射影响以及中国的应对措施进行了连续报道，3 月 15 日，《人民日报》援引环境保护部（国家核安全局）的通报，表示"我国各地辐射环境监测未发现异常"，④ 此后几乎每日都会报道类似监测消息，一直到 4 月 19 日，《人民日报》还在刊发《我国内地环境

---

① 管克江、黄发红：《德国弃核，无关安全》，《人民日报》2013 年 6 月 19 日，第 22 版。
② 黄发红：《德国能源转型拉响警报》，《人民日报》2013 年 9 月 16 日，第 22 版。
③ 谢亚宏：《核电不能丢 仍然有前途》，《人民日报》2013 年 6 月 30 日，第 3 版。
④ 武卫政：《我国各地辐射环境监测未发现异常》，《人民日报》2011 年 3 月 15 日，第 3 版。

辐射水平和食品抽样监测无明显变化》① 的文章，该篇文章还报道了"震后首个香港旅游团抵达日本"的消息，似有宽慰民众之心。当国内部分地方的蔬菜检测出极微量放射性物质时，《人民日报》也及时响应表示，卫生部门实验表明，"菠菜洗三次，污染降九成"，"放射性物质的菠菜经过清洗后食用不会影响公众健康"。② 此外，《人民日报》还报道了国家"质检总局禁止部分日本食品农产品进口"③ 等中国有关部门的应对措施。

除了常态化的报道之外，《人民日报》迅速启动了专门报道，有意识地对福岛核事故的辐射影响进行科学普及。3 月 16 日，《人民日报》在第 4 版刊登了一篇《日本核泄漏近期不会影响我国》的文章，④ 文章介绍了"未来三天的气流、海流"等，以告知公众福岛的核辐射很难对中国产生影响，与此同时，文章还附上了"什么是辐射？""如何应急避险核辐射？"等科学知识，文章还使用了图片化展示的手段。3 月 17 日第 3 版上又刊发了对中国疾控中心辐射防护与核安全医学所所长苏旭的专访，告诉公众如何防护核辐射。⑤ 此后《人民日报》又陆续刊发了《核泄漏，如何有效防护》⑥《对话卫生部核事故医学应急中心主任：少量辐射不会危及健康》⑦《核辐射分为七个等级（防辐射你应该知道的）》⑧ 等文章。由于福岛核事故是近些年来，世界上发生的最严重的核泄漏事件，并且日本福岛离中国较近，这也是对中国核事故应急的一次突发考验，《人民日报》也及时宣传了各部门的快速响应。在 2011 年 3 月 29 日第 3 版上，《人民日报》还刊发了新华社的稿件《信息公开的背后——中国编织核安全与健康信息网》，指出"中国政府高度重视信息公开透明，用及时准确权威的信息正确引导

---

① 《我国内地环境辐射水平和食品抽样监测无明显变化》，《人民日报》2011 年 4 月 19 日，第 3 版。

② 周婷玉：《菠菜洗三次　污染降九成》，《人民日报》2011 年 4 月 12 日，第 13 版。

③ 左娅：《质检总局禁止部分日本食品农产品进口》，《人民日报》2011 年 3 月 26 日，第 3 版。

④ 刘毅、余建斌、孙秀艳等：《日本核泄漏近期不会影响我国》，《人民日报》2011 年 3 月 16 日，第 4 版。

⑤ 王君平：《公众如何防护核辐射》，《人民日报》2011 年 3 月 17 日，第 3 版。

⑥ 彭瑞云：《核泄漏，如何有效防护》，《人民日报》2011 年 3 月 28 日，第 20 版。

⑦ 王君平：《对话卫生部核事故医学应急中心主任：少量辐射不会危及健康》，《人民日报》2011 年 4 月 1 日，第 9 版。

⑧ 《核辐射分为七个等级（防辐射你应该知道的）》，《人民日报》2011 年 4 月 14 日，第 13 版。

社会舆论"，而"新闻媒体第一时间将有关信息和科学常识，通过报纸、电视、广播、网络、手机短信等多种途径，有效传递给公众，履行着自己的社会责任"。①

在早期，《人民日报》的专门性科普文章或报道集中在如何应对防辐射上，即主要处理的还是日本的核事故，但是随着事态的进一步趋稳，《人民日报》的话语策略也随之进行了转换，开始强调中国核电为何是安全的。这种策略在每逢大的核事故之后都会被应用到，只不过在1979年的三哩岛和1986年的切尔诺贝利事故发生时，中国尚未有核电站在运营，因而只能强调核电本身的安全性以及其他国家正在运营的核电站的安全措施，但这一次，这种论证也与中国正在运营的核电站进行话语"接合"了。

与中国正在运营的核电站进行话语"接合"实践体现在：在2011年3月22日第5版（要闻版）上，《人民日报》先是以《机组安全稳定运行　辐射环境未现异常》② 这篇消息打头，开启了这种话语"接合"实践，后续又刊登了《大亚湾核电站　选址设计都安全》③ 以及《大亚湾核电站氚排放量符合标准》④ 等文章。在2011年4月11日第20版上刊发的《三问中国核电》⑤ 一文中这种"接合"实践达到了小高潮，追问了"第一，在役核电站是否安全？第二，核电要不要继续发展？第三，怎样提高安全系数？"这三个问题，这个看似"质问"性文章的回答是无比坚定的：第一，中国在役核电站技术更为先进，监管非常严格，应急体系完备；第二，核电本身有优势，市场有需求，且中国有节能减排的压力，因而会继续发展；第三，中国将汲取教训，多管齐下，警钟长鸣，以提高安全系数。可以说，通过这三个"质问"，文章非常巧妙地指出了中国核电站的安全性。

以上的话语"接合"实践多刊登在"要闻版"，而在"科技视野版"（通常为第20版）上，《人民日报》也继续开展了对于核电常识的普及工

---

① 余晓洁、程卓、何宗渝：《信息公开的背后——中国编织核安全与健康信息网》，《人民日报》2011年3月29日，第3版。

② 蒋建科：《机组安全稳定运行　辐射环境未现异常》，《人民日报》2011年3月22日，第5版。

③ 黄拯：《大亚湾核电站　选址设计都安全》，《人民日报》2011年3月25日，第9版。

④ 孙秀艳：《大亚湾核电站氚排放量符合标准》，《人民日报》2011年4月23日，第5版。

⑤ 赵永新、蒋建科、张玉洁：《三问中国核电》，《人民日报》2011年4月11日，第20版。

作，先是在 2011 年 4 月 11 日第 20 版上，刊发国家核电技术公司专家委员会委员汤紫德的科普文章《核能是什么（走近核电）》，① 接着在 4 月 25 日第 20 版上又刊发了《核电厂有哪些类型（走近核电）》这一文章。② 在 2011 年 12 月 19 日第 20 版上，《人民日报》继续刊发《核电站有哪些类型（一）（核电 ABC）》的科普文章，③ 在 12 月 22 日第 16 版刊登了这一系列的第二篇文章《核电站有哪些类型（二）（核电 ABC）》④。

在福岛核事故之后，《人民日报》对于国内核电发展的报道相对低调，在 2011 年 3 月 17 日头版上，《人民日报》发布了"第十二个五年规划纲要"，指出了"十二五"期间"在确保安全的基础上高效发展核电"的原则，以及"重点在东部沿海和中部部分地区发展核电"的部署，在《人民日报》制作的图表中，"能源建设重点"一栏指出"核电"建设的目标是：加快沿海省份核电发展，稳步推进中部省份核电建设，开工建设核电 4000 万千瓦。⑤

需要指出的是，"五年规划"的编制过程是一个相对较长的过程，其间要经历多次的审议讨论，换言之，在福岛核事故发生之前这个规划就已经完成，尚不能体现出中国在福岛核事故之后的政策响应。而在 3 月 17 日头版上刊登的另一则新闻，则可视为中国政府在福岛核事故发生之后关于本国核电政策的最明确响应，该报道指出，国务院总理温家宝 16 日主持召开国务院常务会议，听取应对日本福岛核电站核泄漏有关情况的汇报，会议强调，要充分认识核安全的重要性和紧迫性，核电发展要把安全放在第一位，并做出了如下决定：立即组织对我国核设施进行全面安全检查；切实加强正在运行核设施的安全管理；全面审查在建核电站；严格审批新上核电项目。⑥ 这也算是福岛核事故给中国核电事业带来的重大政策冲击，

---

① 汤紫德：《核能是什么（走近核电）》，《人民日报》2011 年 4 月 11 日，第 20 版。
② 赵瑞昌：《核电厂有哪些类型（走近核电）》，《人民日报》2011 年 4 月 25 日，第 20 版。
③ 《核电站有哪些类型（一）（核电 ABC）》，《人民日报》2011 年 12 月 19 日，第 20 版。
④ 《核电站有哪些类型（二）（核电 ABC）》，《人民日报》2011 年 12 月 22 日，第 16 版。
⑤ 《中华人民共和国国民经济和社会发展第十二个五年规划纲要》，《人民日报》2011 年 3 月 17 日，第 1、5、6、7、8、9、10、11 版。
⑥ 《温家宝主持召开国务院常务会议　听取应对日本福岛核电站核泄漏有关情况的汇报》，《人民日报》2011 年 3 月 17 日，第 1 版。

"严格审批新上核电项目"在一定程度上影响了中国核电的发展，而"十二五"规划中的"中部省份核电建设"也遭搁浅，至今未见启动的公开报道。

在这种既定的大政方针之下，《人民日报》也采取了一系列的宣传活动，以确保中央决策的被知晓与落地。在 2011 年 4 月 27 日第 20 版上，《人民日报》刊登了对全国政协经济委员会副主任、国家能源局原局长张国宝的专访。《人民日报》在提问中指出："日本的核泄漏事故引起全球关注，媒体、公众中还出现限制乃至'封杀'核电的呼声。核能真的该'下课'吗？"张国宝认为："任何一个负责任的科学家或是政治家，绝对不会说彻底停止发展核电。"① 这也为福岛之后的中国核电发展奠定了一种基调，即不会停止发展核电，但是会"在确保安全的前提下高效发展核电"。

在这一基调之下，中国核电重新出发，在领先的道路上越跑越远。在这一时期，《人民日报》也在继续塑造着中国核电安全、创新、奋进的形象，以及核电在应对气候变迁中所发挥的作用，所选用的关键词语包括"自主创新""自主品牌""中国造""为国争光""安全高效""安全可靠""技术成熟""清洁能源""核强国""国际先进行列"等。

总而言之，福岛核事故使《人民日报》以更加积极的姿态去普及宣传核电知识，并且一再形塑中国核电安全的形象。

三　"走出去"与建立"人类命运共同体"

随着福岛核事故影响的逐渐消散，中国的核电发展又有抬头之势。改革开放初期，中国争取"引进来"战略，随着中国综合国力的提升，"走出去"战略也被提上议事日程。"引进来"顾名思义，就是吸引外国的投资或者技术，而"走出去"则是中国的企业对外投资或者出口技术。中国早期的核电站建设基本上以"引进来"为主，大亚湾核电站引进的是法国的核电技术，连云港田湾核电站则是引进了俄罗斯的技术，如今中国核电早已具备了"走出去"的实力，于是《人民日报》对于中国核电发展正当性的话语塑造就越发开始转向这一主题，在 2013 年 4 月 12 日第 21 版上，

---

① 郭嘉、潘圆：《在开"源"节"油"上想辙》，《人民日报》2011 年 4 月 27 日，第 20 版。

《人民日报》刊发《为中国核电"走出去"打下扎实基础》一文，① 正式吹响了中国核电"走出去"的号角。

这期间的大背景是中国在对外交往中提出的"一带一路"的构想，"一带一路"指的是 2013 年 9 月和 10 月，中国国家主席习近平在出访中亚和东南亚国家期间，先后提出共建"丝绸之路经济带"和"21 世纪海上丝绸之路"的战略构想，"一带一路"贯穿亚欧非大陆，一头是活跃的东亚经济圈，一头是发达的欧洲经济圈，中间是发展潜力巨大的腹地国家，投资贸易合作是"一带一路"建设的重点内容，其中也包含"核电"合作，② 因而在"一带一路"的构想之下，还有了"能源一带一路"的提法，中国核电"走出去"正是"能源一带一路"的重要组成部分。

总而言之，在国际形势发生逆转之下，中国核电开始登上世界舞台。其中最为中国核电所骄傲的是中国将参与建设英国的高铁和核电项目。《人民日报》援引英国《卫报》的社论指出，中英目前是一种"车轮倒转"的关系，即"中国第一条铁路是由英企于 1876 年建成的，但现在中国帮着英国造高铁，真是'车轮倒转'……铁路的情况同样适用于核科学。英国作为核领域先驱的记忆仍历历在目，但如今只能求助于包括中国在内的其他国家，帮我们修建新型核电站"。③ 这番话也意味着，中国核电的"走出去"象征着中国的崛起与强盛。倘若说，英国《卫报》提及的是英国的光辉记忆、感慨的是江河日下，那么《人民日报》接下来的文章用意则是反了过来，在 2014 年 4 月 14 日第 19 版上，《人民日报》刊发了《中国装备到了走出去的时候》的文章，再度为"中国装备"加油助威，评论指出："中国经济要升级，不能总是'8 亿件衬衫换一架飞机'，重大装备制造走出去正是打造新名片的重要机遇。"④ 所谓"8 亿件衬衫换一架飞机"指的是中国低廉的劳动密集型产品如衬衫，需要卖出 8 亿件才能换

① 王芳、崔悦：《为中国核电"走出去"打下扎实基础》，《人民日报》2013 年 4 月 12 日，第 21 版。
② 《和平合作 开放包容 互学互鉴 互利共赢》，《人民日报》2015 年 3 月 30 日，第 3 版。
③ 李学江、焦翔、黄培昭等：《世界，在我们眼中舞动》，《人民日报》2013 年 12 月 30 日，第 22、23 版。
④ 白天亮：《中国装备到了走出去的时候》，《人民日报》2014 年 4 月 14 日，第 19 版。

回一架高科技的波音飞机，此时，《人民日报》的这句感慨意味着中国装备业到了扭转这种态势的时候了，而近年核电的大发展给中国装备"走出去"增添了莫大的底气。

2015 年 2 月 9 日与 2 月 27 日，《人民日报》在第 20 版上分别刊登了关于核电"走出去"的文章①，在第一篇的开头，《人民日报》便提出："作为投资巨大、安全性要求极高的高科技产业，核电'走出去'对促进我国核工业的技术创新和产业升级、带动国内高端产业发展，以及打造中国品牌、提升国家形象等，都具有极为重要的意义。"在文中，《人民日报》指出了中国核电的底气：一是中国自主研发的两大三代核电技术品牌在技术上很先进，安全上有优势，经济上有竞争力；二是中国核电的装备国产化率在 80% 以上，关键设备都能自主研制，完整的核电产业链基本形成，装备制造业已经达到世界一流水平；三是核电站建设能力全球领先，30 多年从未间断，在建规模世界第一。换言之，中国核电在技术、装备制造以及核电站建设上都是世界领先水平，这也给了中国核电"走出去"的底气。

在 2016 年 1 月 3 日第 2 版上，一篇热情澎湃的文章出炉——《让中国核电照亮世界》，《人民日报》指出"中国核电技术从跟跑到并跑，再到领跑，走过了一条引进、消化吸收、再创新的辉煌历程，成为继高铁之后又一张亮丽的国家名片"。② 随着中国核电的走出去，中国核电照亮世界也不再是梦想。在这篇文章中，核电被比喻为"国家名片"，代表着中国最新的科技进展和强盛实力，与高铁一样，核电也是代表国家核心竞争力的"国之重器"。

1991 年，在秦山核电站并网发电时，秦山核电站被《人民日报》誉为"国之光荣"，待到 1994 年大亚湾核电站正式投入商业运营时，其话语"接合"的是"改革开放的丰硕成果"，到了 2016 年，这种话语"接合"的则是"国家名片"，这种比喻的转变，体现着核电在中国的重要性逐渐

---

① 赵永新、蒋建科、李刚：《核电"走出去"底气何在?》，《人民日报》2015 年 2 月 9 日，第 20 版。赵永新、李刚、蒋建科：《核电"走出去"念好"合"字诀》，《人民日报》2015 年 2 月 27 日，第 20 版。

② 蒋建科：《让中国核电照亮世界》，《人民日报》2016 年 1 月 3 日，第 2 版。

提升，它不仅见证了中国的"引进来"，更见证了中国的"走出去"。在经历了"8 亿件衬衫换一架飞机"之后，《人民日报》将核电出口形容为"出口一个核电站，相当于出口 100 万辆小汽车"，① 以飞机计算则是"出口一座核电站相当于出口 200 架中型客机"，② 这一切都在证明中国的发展已是今非昔比，尤其是中国投资建设英国的核电项目标志着"中国从'核电大国'向'核电强国'转变，意味着中国已从核电技术输入国，跻身为核电技术输出国，这也是'中国制造'向'中国创造'转变的重大成果。正是在英国建设核电站这样的大型项目，逐步改变着外国人对中国的认识，同时提升着中国人的民族自信"。③ 与此同时，核电出口的意义还在于，这是"一带一路"构想的成功实践，随着核电业务在世界范围内的拓展，核电等中国的新能源投资建设正沿"一带一路"闪烁。④ 目前，中核、中广核以及国电投三大国内核电公司在国外积极投标核电项目，已经在巴基斯坦、阿根廷、英国、土耳其、罗马尼亚等国进行实质性项目建设。

此外，就中国核电发展的必要性而言，《人民日报》也一直强调核电是应对气候变迁的重要选项。根据国际应对气候变迁的协议，中国还面临"全球要将温室气体排放限制在 150 亿吨的红线"⑤ "非化石能源在一次能源中的比重由 2005 年的 6.8% 提升到 2020 年的 15%"⑥ 等任务，换言之，中国为了履行对世界的承诺，发展核电成了一个明智选择、现实选择。与此同时，中国"主动加码"，"把应对气候变化作为国家经济社会发展重大战略，把绿色低碳发展作为生态文明建设重要内容"，⑦ 那么在能源的选择上，传统的化石能源规模势必会受到压缩，而核电以及其他可再生能源成为优选，但是就目前而言，风电、太阳能发电还有待发展，因而就国家内部的发展战略而言，核电也就成为不二之选。

---

① 李刚：《核电出海，中国制造新名片》，《人民日报》2017 年 4 月 5 日，第 10 版。
② 李刚：《中广核拓宽"能源一带一路"》，《人民日报》2017 年 5 月 17 日，第 14 版。
③ 黄培昭：《中国核电技术向发达国家市场迈进》，《人民日报》2017 年 9 月 22 日，第 3 版。
④ 李刚：《中广核拓宽"能源一带一路"》，《人民日报》2017 年 5 月 17 日，第 14 版。
⑤ 贾峰：《应对减排挑战 推进核电建设》，《人民日报》2014 年 6 月 21 日，第 10 版。
⑥ 何建坤：《推动能源革命 实现减排目标》，《人民日报》2015 年 7 月 4 日，第 10 版。
⑦ 何建坤：《推动能源革命，强化应对气候变化行动》，《人民日报》2015 年 9 月 29 日，第 22 版。

　　总之，在这一时期的核能话语中，对外而言，核能是一种"大国象征"，对内而言，它又是一种国家发展战略的现实选择，两种因素叠加，使得核能发展的合理性在中国进一步被强化。在中国由"核电大国"朝着"核电强国"迈进的过程中，《人民日报》又进一步寻求和建构了中国在"世界核俱乐部"中应有的地位。在 1970 年代早期，在国际原子能机构召开的一次会议上，某国代表提出："衡量一个国家是不是核大国，不是看它有没有原子弹、氢弹，而是看它有没有核电站。……当然，中国还是称得上核大国的，因为中国的台湾有几座别人帮助建造的核电站。"[1] 据说这段话让在场的中国代表极为窘迫，这也反映了当时中国在"世界核俱乐部"中的地位。随着中国核电的大发展，中国也在积极谋求在这一俱乐部中的话语权。当今最为重要的核事务国际峰会是在 2010 年启动的核安全峰会，历届峰会都有中国领导人参加，在 2016 年核安全峰会上，《人民日报》将此形塑为"早春三月，万象更新。世界将再次倾听中国的核安全观，再次见证中国为促进世界和平与发展做出重要贡献"。[2]《人民日报》指出，"峰会期间，习主席 4 次发表讲话，凸显中国在全球核安全治理中所扮演的重要角色"，[3] 中国核电成为中国提倡建立人类命运共同体的重要实力体现和保证，"从自身到国际，从合作到分享，在参与构建国际核安全体系进程中，中国始终与世界同行。加强核安全是一个持续进程。核能事业发展不停步，加强核安全的努力就不能停止。展望未来，中国将继续积极参与核领域全球治理，同各国携手合作，构建'核安全'人类命运共同体，为增进人类福祉作出更大贡献"。[4]

　　换言之，由当初 1970 年代中国在国际原子能会议上成为他国调侃的对象，到今日中国成为世界的焦点，世界都在聆听中国的核安全观，这见证

---

① 卓培荣、蒋涵箴：《国之光荣——来自秦山核电站的报告》，《人民日报》1991 年 12 月 25 日，第 3 版。

② 孙广勇、黄发红、倪涛等：《当世界聆听中国核安全观》，《人民日报》2016 年 4 月 1 日，第 6 版。

③ 郝薇薇、霍小光、徐剑梅：《"我们的新征程才刚刚开始"——记习近平主席出席第四届核安全峰会》，《人民日报》2016 年 4 月 3 日，第 3 版。

④ 国纪平：《构建人类"核安全"命运共同体——写在习近平主席出席第四届核安全峰会之际》，《人民日报》2016 年 3 月 31 日，第 1、2 版。

的正是中国在核能领域话语权的增强。

四 小结

随着福岛核事故影响的逐渐消散，更重要的是中国核电的不断进步，在国内的话语"接合"中，《人民日报》开始转向报道核电与中国强盛之间的联系，核电成为中国的一张名片。与此同时，中国为了兑现对世界所许下的减排承诺，将核能形塑成应对气候变迁的正确选择。作为世界上最早的核俱乐部的成员之一，中国早期有关核能的提议并没有被很多国家支持，随着中国核能事业的大发展与国力强盛，中国也亟须在世界舞台上发出自己的"核声音"。

而在具体的语言使用上，相较于前两个历史时期通讯中常用"虚题"，如《挺起民族产业的脊梁》这类标题，这一时期通讯的标题更加强调"虚实相间"。之所以说以前的标题是"虚题"，是因为将《挺起民族产业的脊梁》这一标题用在中国的其他行业上，如中国的航天航空、高铁行业等，依然可行。换言之，如果不看"副标题"或是"正文"，读者或许也不能直接明了这一标题之下报道了何种内容。但是"虚实相间"的标题往往能让人一目了然地知道通讯所报道的主要内容，如《人民日报》在 2014 年 5 月 7 日第 8 版上刊登的：

> 安全商运 20 年，大亚湾核电站上网电量 2810 亿千瓦时（肩题）
> 给核电发展吃颗定心丸（主题）①

这则通讯的肩题是一个非常具体实在的标题，用数字呈现了大亚湾核电站 20 年来又好又安全的运营情况，而主题《给核电发展吃颗定心丸》也是让人明了这是关于核电的一则通讯，"吃颗定心丸"则是通讯主旨所在，即大亚湾核电站以往的良好运营情况足以证明核电是安全的。

又比如：

---

① 杨义、熊建、李刚：《给核电发展吃颗定心丸》，《人民日报》2014 年 5 月 7 日，第 8 版。

安全性要求极高，国际竞争异常激烈（肩题）

核电"走出去"底气何在？（主题）①

　　肩题指出了中国核电"走出去"的复杂背景，而主题中的"底气何在"则是交代了文章主旨，即讨论的是中国核电何以"走出去"。此外，像《让中国核电照亮世界》这样的单一大标题更是直接表明了文章的意图，让读者一目了然。

　　此外，这一时期的语言更加大气磅礴，这也是与中国日益提高的国际地位相关的，在对中国参与国际核事务的报道中，《人民日报》选用的也是些豪迈壮丽之语，如"中国智慧　大国担当"②"当世界聆听中国核安全观"③"构建人类'核安全'命运共同体"④ 等。此类用语往往能激起读者的民族自豪感与对中国核电的进一步认同。

① 赵永新、蒋建科、李刚：《核电"走出去"底气何在?》，《人民日报》2015年2月9日，第20版。

② 章念生、张朋辉、陈丽丹等：《中国智慧　大国担当——美国各界积极评价习近平主席华盛顿之行》，《人民日报》2016年4月4日，第3版。

③ 孙广勇、黄发红、倪涛等：《当世界聆听中国核安全观》，《人民日报》2016年4月1日，第6版。

④ 国纪平：《构建人类"核安全"命运共同体——写在习近平主席出席第四届核安全峰会之际》，《人民日报》2016年3月31日，第1、2版。

第五章　中国核能媒介话语的
总结与讨论

第一节　中国核能媒介话语的流变、特性与语言

一　中国核能话语的流变

核能话语在中国出现了阶段性的特征，即在某一历史时期核能的话语主题是相对固定的，这些话语主题建构了某一时期公众对于核能的认知，话语总是与历史脉络相联系的，核能话语的阶段性主题也凸显了那一时期国家对于核能的需要。当将这些主题以时间顺序排列时，就构成了中国核能话语的独特流变史。

1. 第一阶段：1949~1963 年：原子能问题上的两条路线

中华人民共和国在成立时，可谓"一穷二白"，还没有能力利用核能。而面对当时拥有核能的美国和苏联，《人民日报》指出了它们在原子能问题上的两条路线，第一条路线是美国"挟核自重"，对敌对阵营搞核威慑；另一条路线则是，苏联把原子能用于和平目的并实行国际合作，以促进人类文明全面发展的宽阔道路。《人民日报》利用话语工具，对美国的"核讹诈"进行了批判，对苏联和平利用核能进行了肯定。与此同时，这一时期《人民日报》的核能话语，也充满了对于和平利用核能的浪漫想象，核能也被赋予了一种美好以及进步的想象。

2. 第二阶段：1964~1977 年：打破核垄断与"自力更生"

1964 年 10 月 16 日，中国第一颗原子弹爆炸成功，中国进入有核时

期。这一时期《人民日报》的核能话语主题主要体现在以下两个方面。一是《人民日报》向世界宣告了中国作为一个有核国家的地位和身份，但同时指出中国原子弹爆炸成功的意义在于有力地打破了美国等国的"核垄断"，意味着世界上就多了一份与美国核威胁相抗衡的和平力量，中国的最终目的是"取消核武器"。二是《人民日报》指出，原子弹的爆炸成功是中国人民一种"自力更生、奋发图强"精神的体现，证明了西方有的，中国人也可以有。这一话语主题激励着当时的中国人民更加有力地建设自己的国家。

3. 第三阶段：1978～1990 年——中国发展核电势在必行

1978 年，中国进入改革开放时期，发展经济成了第一要务，然而，东部沿海地区能源严重不足，再加之当时中国的交通运输能力有限，难以将西部的煤炭大量运往东部，依靠西南地区的水力发电也是"远水解不了近渴"，于是发展核电被提上了议事日程。核工业者们也摩拳擦掌、跃跃欲试，迫不及待地将自己所学贡献出来。

虽然 1979 年发生了三哩岛事故，但是经济复兴对于能源的巨大渴求，还是让支持核能发电的话语"破壳而出"，此时《人民日报》的主要话语任务在于论证核能对于当时的中国而言是一种亟待发展的能源，于是《人民日报》从三个方面对此展开了论述，一是我国发展核电的迫切性，二是发展核电的大势所趋以及核电本身的优点，三是我国发展核电的可行性。从 1981 年起，中国陆续开建秦山核电站与大亚湾核电站，中国也进入核电建设时代，伴随这种社会背景，《人民日报》也转向了对于核电发展的正向宣传工作。

4. 第四阶段：1991～2010 年——从国之光荣到民族核电

1991 年，秦山核电站并网发电，《人民日报》指出秦山核电站为"国之光荣"。这也是中国核能话语变迁中的巨大转折，在以往，中国的核能话语所建构和塑造的是核能的诸种优势以及中国发展核电的必要性与必然性，这种话语体现的是国家的大政方针，但是"国之光荣"的话语建构，则是有意识地将核能发展与民族自强自立"接合"在了一起，核能已不再单单是一种"进步"技术，而是变成了民族精神的象征，大亚湾核电站以及之后的核电建设都被视为中华民族自强精神的体现，是一种"民族核电"。

中国国内核电稳步发展，世界其他国家的核电发展就未必如此了。在《人民日报》看来，国外有些国家的核电发展更多地成为一种利益争斗的产物，同时，核电也成为一种国际关系博弈和地缘政治的筹码。

5. 第五阶段：2011 年福岛之后——中国核电的声音更响亮

此后，"民族核电"进入大发展的黄金期，2010 年中国在建核电的规模已居世界第一，率先应用了世界先进的第三代核电技术，核电机组安全运行纪录被再次刷新，年发电量超 680 亿千瓦时，至少减排二氧化碳 6200 万吨……2011 年的日本福岛核事故发生后，中国的核电政策也变得更加审慎，更加强调"在确保安全的基础上高效发展核电"，并出台了关于核电发展的四个决议：立即组织对我国核设施进行全面安全检查；切实加强正在运行核设施的安全管理；全面审查在建核电站；严格审批新上核电项目。实际上这四个决议对中国核电发展的影响至今仍存在，如本被列入"十二五规划"的"内陆核电项目"仍未"解冻"。这四个决议的影响也更多地体现在中国核电发展的规模与速度上，核电本身并不是被争论的对象。

这一时期，《人民日报》继续对国外核能政策进行报道，但需要指出的是，这些报道很多并不是针对核能本身的，而是针对主导核能政策产生的政治争斗。

随着中国核电的不断进步，在国内的话语"接合"中，《人民日报》又开始转向报道核电与中国强盛之间的联系，核电成为中国的一张名片。与此同时，中国为了兑现对世界所许下的减排承诺，将核能形塑成应对气候变迁的正确选择。作为世界上最早的核俱乐部的成员之一，中国早期有关核能的提议并没有被很多国家支持，随着中国核能事业的大发展与中国国力强盛，现如今全世界都在聆听中国在核能议题上发出的声音。

二 中国核能话语的特性

综观 1949 年至 2017 年《人民日报》关于核能的媒介话语，我们可以发现，核能在中国的话语呈现如下特点。

（一）与西方相对连续的核能话语相比，中国的核能话语出现了某种程度的"断裂"

科学史学者维尔特在其书中描述了核能的历史形象变迁，[1] 他直言，一开始他并未觉得核能形象有什么重要的，后来他才意识到自己错了，因为核能形象"勾连着主流的社会和心理动力，已经对我们的历史施加了一种陌生而强大的压力。但这并不是一种往事，今天核能形象的力量仍与过去一样强烈"。[2] 维尔特是一个 1942 年出生的美国人，所以我们需要留意的是，他所说的"我们的历史"应指的是美国人眼中的历史，视角的不同已然造成核能认知以及对核能发展"断代"的不同。另外需要注意的是，依维尔特所言，对于核能的想象对美国历史施加了一种陌生而强大的压力，核能于美国而言，是与历史进程纠缠在一起的。在法国，这种纠缠的情况更甚，赫克特指出，"法国核能项目的历史，同时是科技的历史，也是法国的历史"。[3] 因为核能在法国的发展史，亦是法国缩小与美国之间的技术鸿沟而走向复兴的历史。因而，核能在不同国家的历史脉络中亦有特殊的发展轨迹。而话语作为社会变迁的一种再现，深刻地嵌入这种特殊的历史脉络，同时参与到这种特殊历史脉络的建构之中来。

中华人民共和国成立时，核能在中国首先遇到的是二战之后的社会主义意识形态和资本主义意识形态的对立现实。这种对立体现在中国核能的媒介话语上，便是"原子能问题上的两条路线"。

而在这一时期，西方有些国家的核能话语已经发展到了对于核能的反对阶段，如在德国，有组织的反核抗议活动从 1970 年便开始了，但当时只针对某个核电站，从 1970 年代中期开始，反核运动几乎蔓延到了所有的核电站所在地，不再局限于某一区域，当时各地反核运动的话语是"X 和其

---

① Spencer R. Weart, *Nuclear Fear：A History of Images*（Cambridge, MA：Harvard University Press, 1988）. Spencer R. Weart, *The Rise of Nuclear Fear*（Cambridge, MA：Harvard University Press, 2012）.

② Spencer R. Weart, *The Rise of Nuclear Fear*（Cambridge, MA：Harvard University Press, 2012）, p. vii.

③ Gabrielle Hecht, *The Radiance of France：Nuclear Power and National Identity After World War II*（Cambridge, MA：MIT Press, 2009）, p. 4.

他地方都不要有核电"（Kein AKW in X und Anderswo）。①

如此一对比，便可看出中国的核能话语一度处于战争武器和和平利用的对立之中，出现了某种程度的"断裂"。

在中国，核能与能源、核能与生态、核能与健康等话题都比西方要晚出现，可以说，将核能置于一种对立的框架之中的话语限制了中国民众对于核能本身的认知。1978 年改革开放之后，中国加快核电发展进程，其话语所涉及的议题也才慢慢地与西方有了共通之处，比如核能话语中的应对气候变迁的面向等。

（二）核能作为一种科技物，在中国也与国家的想象和认同紧密地联系在了一起，这种"接合""姗姗来迟"

哈里森（Carol E. Harrison）和约翰逊（Ann Johnson）指出，国家（族）的建立需要现在以及将来建构和创造一种想象，而不只是仅从过去的语言、文化以及历史等中寻找身份认同，而科技在其中扮演重要角色。② 换言之，国家认同并不仅仅来自对过去荣光的继承，也来自当下的科技进步。二战后，印度尼西亚、印度以及中国等都将科学战略的部署作为认同凝聚和国家建设的重要措施。

核能作为一种科技物，也与国家的想象和认同紧密地联系在一起。如在本书中我们就提到，在美国这样的国家中，"在那个时候做一名爱国的美国人意味着什么？简单地说，就是忠于依靠拥有的核武器来统治和领导世界的美国梦"。另一个例子便是日本，于日本而言，核能意味着一种日本国民对于本国"技术科学"（technoscience）实力的信仰。③

陶孟和在 1949 年政治协商会议上的讲话表明，中华人民共和国成立初期，中国的有识之士即已经认识到核能对于民族自强的重要性。但是由于中国在民用核能上的缓慢发展，《人民日报》的话语中将这种新型科技与

---

① 莫笛：《从反核到弃核——德国反核运动回顾》，《德语学习》2011 年第 4 期。

② Carol E. Harrison, and Ann Johnson, "Introduction: Science and National Identity," *Osiris* 24 (2009)：1-14.

③ James W. Tollefson. "The Discursive Reproduction of Technoscience and Japanese National Identity in the Daily Yomiuri Coverage of the Fukushima Nuclear Disaster," *Discourse & Communication* 8（2014）：299-317.

社会主义制度的优越性"接合"在一起，以凝聚中国民众对于社会主义制度的认同，所以在《人民日报》的话语中，不乏一些对于苏联和社会阵营里其他国家的原子能发展成就的介绍。

1991 年，在中国自己设计建造的第一座核电站——秦山核电站正式投入运行以后，《人民日报》迅速开启了这种"接合"："8 年的心血和汗水，一代人的殷切期望，终于成为现实。这不仅仅是一座核电站……这是中华民族无比的骄傲，这是（中华）人民共和国无尚（上）的光荣！"① 此后，随着中国的核能自主化进程的加快，核能愈加地与国家独立、民族自强等国家想象和认同"接合"在一起，"国之光荣""民族核电"等话语被频繁提及。

21 世纪以来，随着中国核电的不断进步，在国内的话语"接合"中，《人民日报》开始转向报道核电与中国强盛之间的联系，核电成为中国的一张新名片。

（三）中国核能的媒介话语内容经历了从核弹到核电的变迁

核能始终有两个面向，即军事上作为核武器使用、在民用上用作发电等。从中华人民共和国成立到改革开放之前，这两个话语是并存的，甚至在一定程度上，早期中国关于核能的话语基本上是与其军事面向相关的，而话语的主题基本上也与反对核扩散和核讹诈有关。换言之，军事面向的核话语，所涉及的内容更多是与对待核武器的态度有关，而并没有对核武本身有过多的描绘。

在改革开放之后，中国核能的媒介话语转向了核电。这种话语转向有着深刻的历史动因。在 1995 年 1 月 27 日第 11 版上刊登的《中国核工业 40 年的光辉历程》这篇文章中，作者说道：

> 80 年代，以邓小平同志为核心的第二代中央领导集体，洞察世界历史进程，判断国际形势走向，认定世界大战在较长时间内打不起来，由此作出了主动裁军 100 万和调整军工科研生产的战略决策，明

---

① 卓培荣、蒋涵箴：《国之光荣——来自秦山核电站的报告》，《人民日报》1991 年 12 月 25 日，第 3 版。

确核工业重点转向为国民经济服务，从而为核工业发展拓宽了道路。1992 年后，我国改革开放和现代化建设事业进入一个新的阶段。当前国内经济快速发展对能源需求急剧增长，而国际核电发展疲软，期望从中国找到市场，这对我国核电建设又是一个良好机遇。邓小平同志在《善于利用时机解决发展问题》的谈话中强调指出："核电站我们还是要发展。"以江泽民同志为核心的第三代中央领导集体，对发展核电也十分重视。为此需要进一步搞好决策，增加投入，理顺体制，统筹规划，加强管理，提高效益，以期促进核电事业和整个核工业更快更好地发展。[①]

换言之，随着 1980 年代核军工业的调整以及核电的快速发展，中国的核能话语与核电相勾连，论及核能，基本上也就是在谈论核电。

当然，核能军事面向的话语并不是就此消失了，而是一直存在于《人民日报》上，只不过核能军事面向的话语这么多年以来一直没有改变过，一直是态度鲜明地反对核扩散、反对核战争。只不过因为这种态度的从未改变，中国军事面向的核话语就不如核电话语那般有着更多的"解构"空间，容易被人所忽略，但它一直存在。

世界上核大国的核能发展历程基本上都是从核弹到核电，但是就核能话语的军事面向而言，中国并没有国外那般多变，这也是中国核能话语的一大特点。在国外，关于核战的媒介话语不时出现在文学作品、影视作品之中，核能话语的军事面向从未离开过国外民众的公共言谈。

（四）《人民日报》用话语将核能塑造为一种颇为正面的能源形式

恶龙（dragon），"原子，你的朋友"（your friend, the atom），浮士德与魔鬼式的交易（Faustian devil's bargain），地狱（inferno），妖怪（genie），放射性的怪兽（radioactive monsters），乌托邦式的原子能之城（utopian atom-powered cities），爆炸的星球（weird ray devices），怪异的放射性装置（weird ray devices）……这些是核能在西方社会之中拥有的面孔和形象，

[①] 宋任穷、刘杰、刘西尧等：《中国核工业 40 年的光辉历程》，《人民日报》1995 年 1 月 27 日，第 11 版。

正面与负面的形象皆有，可以说核能在西方社会中一直颇有争议。一方面，它蕴藏着无限能量，人们对其寄予厚望；另一方面，它又是难以被驾驭的"魔鬼"，人们对其有着深深的恐惧。

然而这种正反交织的核能形象在中国的话语之中很少出现。在《人民日报》早期关于核能的描述或者隐喻中，核能都是一些浪漫的想象，如核能是"科学技术的尖端武器"，是"社会主义建设的多面手"，是"物理学的法宝"，"像一座谷仓，像一座碉堡，蕴藏着无限的能量，掩蔽着猛烈的火力"，是"一个力大无穷的大力士！它能翻山倒海，升天入地"……。而在1980年代之后，《人民日报》用话语塑造了核电的正面形象，大量使用形塑核电优势或者核电风险不足忧虑的形容词，如"安全""清洁""经济""可靠"等。

可以说，《人民日报》一直试图用话语将核能塑造为一种颇为正面的能源形式，消解了西方对于核能的多元想象。与国外反核者对核能的极尽夸张之能事的话语相比，《人民日报》对核能的负面形象所言不多。虽然在不同的历史时期，核能承担着不同的历史功用，但是核能在中国始终是一种较为正面的形象。

而对于其他国家的核能争议，《人民日报》更多是将其置于"国外的多党政治以及国际关系博弈"的话语框架之中，即即使是有关于核能的争议，那也是非核能本身造成的。所以一方面，《人民日报》将国外的核电争议形塑成一种利益争斗的产物，即国外的核能发展要受到各利益相关方的掣肘；另一方面，《人民日报》对于国外核能议题的再现和建构，实际上也是在做一种反衬式的对比，那就是对于小国而言核能议题成为一种被大国钳制的工具。

总之，中国与其他国家的核能话语最显著的不同可能就是，核能在中国的官方主流话语之中始终是一种去争议化的能源形式。

三　中国主流媒体核能话语的语言

《人民日报》的语言使用也呈现了历史变迁的特征，从中华人民共和国成立至1964年中国第一颗原子弹爆炸，这一时期的语言风格可以用爱憎分明来形容，语言之中蕴含充沛的感情，在与不同的对象的"接合"中，意识形态立场往往非常鲜明。中国进入"文化大革命"时期后，《人民日报》传统的新闻报道朴实风格被大量的俚语、俗语、成语取代，以贴近老百姓的日常使用。

在中国进入改革开放时期之后对于切尔诺贝利事故的话语形塑总体上采取的是一种相对平衡的报道方式。在 2011 年日本发生福岛核泄漏事故之后，《人民日报》前期的语言风格较为中性和温和，后期则相对尖锐。在扩大到世界上的核能发展议题时，《人民日报》语言使用也与意识形态紧密"接合"在一起，即《人民日报》往往将国外的核能争议置于一种能源政治的视角之下，选用了"激烈辩论""利益之争"等词语等。这种话语"接合"实践暗示，西方核能的争议所在，更多是一种利益之争，而非核能本身存在问题。与此同时，《人民日报》也将核能塑造成国与国之间博弈的筹码，弱国往往无法独立自主地决定境内核电的存与废。

在对于国内核能发展的议题上，《人民日报》用话语塑造了核电的正面形象。在发展政策的倡导上，《人民日报》使用了"势在必行""不容再犹豫""当务之急""战略选择""优先""很合算""正确选择"等词语；在核能形象的塑造上，大量使用形塑核电优势或者核电行业不足忧虑的形容词，如"安全""清洁""经济""可靠"等。

在核能与民族精神的"接合"上，早期在秦山和大亚湾上的分别"接合"实践转向强调中国人的自主自强，到最后，整个核电产业本身成为民族精神的一种象征。随着中国核电事业的进一步发展壮大，《人民日报》不断塑造着中国核电安全、创新、奋进的形象，以及它在应对气候变迁中所发挥的作用，所选用的关键词语包括"自主创新""自主品牌""中国造""为国争光""安全高效""安全可靠""技术成熟""清洁能源""核强国""国际先进行列"等。

在新闻体裁上，进入改革开放时期之后，《人民日报》大量使用通讯这一体裁对核电议题进行报道，组合使用多种修辞方法，《人民日报》使用的优美的语言文字在无形之中塑造了一个环境友好、让人对未来充满期望的中国核电形象。

第二节　核能媒介话语、国家与风险沟通

一　国家、现代化与科技

核能作为一种科技，对其接纳的过程也被纳入中国整体的现代化进程。

现代科技发端于西方社会，英国学者李约瑟曾经发问，为何科学和工业革命没有在中国发生？当然，还未等到科学与工业革命在中国的自然发生，西方国家就用他们的坚船利炮砸开了中国的大门，使得中国人不得不睁眼看世界，更重要的是，中国开始被动地进入由西方主导的向科学和文明进军的现代化进程之中。

在与西方的碰撞、冲突与屈辱之中，中国的有识之士深刻意识到了中国科技落后的处境。1842年，《海国图志》问世，魏源指出编著此书的目的在于"师夷长技以制夷"。可以说，从近代开始，中国对于许多科技物的认识是从学习开始的。

中国起初引进西方国家的先进技术，这是由全球性的现代化进程所决定的，核能亦不例外。问题是，对于一个美国人而言，核能是"内生"的，它是创造于美国、发展于美国的；而对于一个中国人而言，核能是"外生"的，对于核能的接纳，实际上也暗含着一个国家处理现代化议题与科技的方式。

虽然对于什么是现代化学界有着多种理解和定义，[①] 但是在中国的语境之下，对于现代化的理解更多指向了"现代化是指近代资本主义兴起后的特定国际关系格局下，经济上落后国家通过大搞技术革命，在经济和技术上赶上世界先进水平的历史过程"且"这是我国党和政府领导人在阐述中国的社会主义现代化方针与政策时所明确表述的一贯思想"。[②] 如邓小平

---

① Patrick H. Irwin, "An Operational Definition of Societal Modernization," *Economic Development and Cultural Change* 23（1975）：595-613.

② 罗荣渠：《现代化新论——世界与中国的现代化进程》，北京大学出版社，1995，第9页。

就指出："我们要实现现代化，关键是科学技术要能上去。"①

所以，于中国而言，欲实现国家的现代化，科学技术是关键，因而中国相较于其他国家而言就有着更加强烈的科学信仰，科学进步是赶上世界先进国家的不二法门。具体到核能，它毋庸置疑是一种进步的象征，是赶超西方资本国家的一个重要指标，由此所形成的核能话语必然是正面的，必然是与国家自强与民族复兴"接合"在一起的。与此同时，新兴国家往往需要通过科技的进步来进一步激发爱国主义的认同，② 当时的中国也不例外。简而言之，在现代化的进程中，科技已不再是单纯的科技物，而是与国家、政治纠缠在一起。

在中国核能由一开始的原子弹爆炸让中国跻身世界核俱乐部并拥有与美国直接对话的国际地位，到后来，在中国实现民用，核能领域出现世界先进的自主核电技术，这进一步巩固了中国在国际社会中话语权。核能在中国的发展，始终也与国家发展联系在一起。1978 年之后，发展核能的呼声很高，这与东部沿海地区的能源匮乏不无关系，2012 年之后，核能开始"走出去"，参与到"能源一带一路"之中，这与新时期中国的国际战略不谋而合。

现代科技并不是一种工具性的存在。虽然人类有着掌控科技的欲望，但是现代科技依然会带来新的关系的"解蔽"，意味着一种摆脱人类控制的"集置"力量。科技进步对一个国家而言，尤其是对于一个曾经遭受现代文明欺侮的文明古国来说当然重要，但是对科技的推崇之余，我们也不妨思考一下，科技进步将我国卷进一个"风险社会"之中。在更为基础性的反思上，我们要问的是，在融入由西方主导的现代化进程中，我们是否对于科技的"集置"与"反扑"有着足够清醒的认识。

二 权力、媒介与话语机制

葛兰姆西指出，媒介是西方社会中"领导权"实现的重要手段，统治

---

① 邓小平：《邓小平文选》（第二卷），人民出版社，1994，第 40 页。

② Carol E. Harrison, and Ann Johnson, "Introduction: Science and National Identity," *Osiris* 24 (2009): 1–14.

阶级的领导权实现，既依赖于国家机器的强制性，也依靠媒介、教育等机构的"软性"征服。① 换言之，统治阶级的权力实现，也必须仰赖其在文化争霸中的胜出。

随着 20 世纪人类媒介事业的空前发展，现代权力也更加强调对于媒介的掌控，吉特林（Todd Gitlin）指出，大众媒介已经成为支配意识形态的核心体系："在现实生活中，它们无时无刻不在为人们编织着信仰、价值和集体认同，通过颇具说服性的美德、平易近人的亲和力和位居中心的象征力量。它们对这个世界作出各种解释并宣称事实何以为事实，而当这些宣称受到怀疑和指责时，它们又会用同样的宣称来压制积极的立场。"②

而媒介实现意识形态倡导的一个重要手段便是建立一套话语秩序，在这套话语秩序之中，意识形态变得自然化或获得"常识"地位。问题在于，在话语相对多元的社会之中，这种话语秩序的建立要通过更加激烈的话语竞争，费尔克拉夫指出话语的建构性作用必然发生在某些强制状态之中，某种话语背后所依附的政治体制或者社会结构的力量越强大，话语在竞争中胜出的可能性就越大。③

在西方社会之中，任何一种话语要想成为社会的主导性话语或者一种自然化的"常识"，就必然经历激烈的话语争霸，某种话语背后往往包含一种与之相反的"对抗性话语"，刘涛指出"对抗性话语之所以有能力在主导性话语建构的空间关系和场域关系中挑战其合法性和正当性，根本是由于话语意义的争夺过程处在一个动态的'界定—否定—再界定''生产—解构—再生产'的历史性流变之中"。④ 换言之，由于西方的权力结构一直处于动态变化之中，其关于任何一种社会现象的话语都在流变之中。尤其是在后现代社会的当下，任何一种社会思潮都难以宣称自己是无比正确的，解构与拆解无处不在，这使得话语争霸变得更加激烈。对于核能而

① Antonio Gramsci, *Selections From the Prison Notebooks of Antonio Gramsci* (New York, NY: International Publishers, 1971).
② 〔美〕托德·吉特林：《新左派运动的媒介镜像》，胡正荣、张锐译，华夏出版社，2007，第 9 页。
③ 〔英〕诺曼·费尔克拉夫：《话语与社会变迁》，殷晓蓉译，华夏出版社，2003，第 61 页。
④ 刘涛：《环境传播：话语、修辞与政治》，北京大学出版社，2011，第 167 页。

言，便是出现相对多元的核话语局面。

在中国的社会环境之中，媒介的定位就是"党、政府和人民的喉舌"，①相对而言，主导话语的确立并不体现在各种媒体之间的话语竞逐，而更多是对主导意志的贯彻执行。体现在核能上就是，以《人民日报》为代表的官方媒介话语一直试图用话语将核能塑造为一种颇为正面的能源形式，以一种相对去争议化的话语形塑公众对于核能的认知，这也为中国核能的发展提供了一个有利的舆论环境。

不过近些年来，一个多音齐鸣、众声喧哗的"话语场"也在逐渐形成，②这个"话语场"里的媒介包括一些以舆论监督见长的都市报纸、杂志等，以及近些年随着新媒介的发展而出现的微博、微信、抖音（微视频发布平台）等社交网络平台。对于"中法核循环项目"（核废料项目）落户连云港，在中国核网所发布的关于此事件文章的评论中，连云港网友们就使用了诸如"污染""危险""隐形炸弹""垃圾场"等不同于官方话语的核能话语。③公众在《人民日报》中无法表达的话语可以通过这些相对开放的"话语场"进行表达，这些话语形成与官方相对的"反话语"。对于核能风险，"各种新兴社会化媒体提供的话语空间则较为极端地表达公众的风险意见，弥漫着对于风险的恐惧、愤怒与抵触，与传统媒体形成了鲜明对立的双重话语空间；更加复杂的是，专家、意见领袖在各种媒介平台的意见争夺，同样促进了民众的'潜在恐惧'"。④

对于官方的话语来说，"反话语"无疑是一种挑战，因为这加剧了公众对于官方话语的疏离、不信任乃至对立，主流意识形态"领导权"地位也会遭到挑战。所以，虽然官方话语确立了领导权，但是仍不能疏于与"反话语"的沟通与对话。

---

① 胡正荣、李继东：《我国媒介规制变迁的制度困境及其意识形态根源》，《新闻大学》2005年第1期。

② 史安斌：《危机传播研究"西方范式"及其在中国语境下的"本土化"问题》，《国际新闻界》2008年第6期。

③ 中国核网：《耗资超1000亿的核废料后处理大厂或落户连云港》，2016年7月28日，https://mp.weixin.qq.com/s/7cXEWAL7MwgvABpHcesVdg。

④ 曾繁旭、戴佳：《中国式风险传播：语境、脉络与问题》，《西南民族大学学报》（人文社会科学版）2015年第4期。

三　核能话语与风险沟通

与国外反核者对核能的极尽夸张之能事的话语相比,《人民日报》对核能的负面形象是相对淡化处理的。这种对核能的话语形塑对于风险沟通而言未必是个好事,因为虽然它排除了公众对于核能的负面想象,但这种话语安排反而加深了隔阂,加剧了官方话语与民间话语之间的冲突与对立。

《人民日报》在 2005 年 1 月 27 日第 14 版上刊登了《十三年宁静的生活验证了一条朴素的真理　核电清洁又安全》一文,该文作者前往浙江省海盐县的秦山核电站采访,他写道:"'住在核电站附近对您的身体有影响吗?'走在海盐县城的大街上,如果以这样的问题询问路边行人,总会招来诧异的眼神。'核电是安全的'——海盐人以自己宁静的生活早已验证了这一朴素真理。"①

实际上,即使是《人民日报》本身,在某些文章中也提出:"20 世纪 80 年代建设大亚湾时,与之毗邻的香港有百万人联名要求停建缓建;秦山核电站动工之初,也曾在海盐引起很大恐慌,一些当地居民甚至准备外迁。"② 换言之,海盐当地居民一开始也是有忧虑心理,虽然近年来,秦山核电站的安全运行在某种程度上打消了当地公众的顾虑。不过,接受既成事实是相对容易的,但是如果现在要建设一个新的核电站的话,在老百姓环保意识觉醒和表达方式相对多元的背景下,事情可能不会变得那么简单。

大量"谈核色变"的案例说明中国民众对核能本身还是有忧虑的。近年来,中国已经发生了多起反核的邻避运动,其中的广东江门民众反对核燃料项目事件可谓"谈核色变"的典型案例,根据专家介绍,"核燃料加工生产基地的任务是将天然的燃料经过各种工艺过程制成燃料元件,供核电站使用,只是煤制成蜂窝煤的过程,不涉及核反应,因为天然燃料本身

---

① 蒋建科:《十三年宁静的生活验证了一条朴素的真理　核电清洁又安全》,《人民日报》2005 年 1 月 27 日,第 14 版。

② 廖文根:《核能发展呼唤"公众沟通"》,《人民日报》2004 年 8 月 19 日,第 14 版。

的放射性就很低，加工过程又没有核裂变环节，没有核裂变产物，不存在高辐射风险"。① 但是在"核恐慌"的阴影之下，反对与"核"相关的一切事务似乎成了中国民众的一个本能选择。所以，核能发展的风险沟通始终要摆在台面上，否则，当有核能相关的新项目创建时，还是会引发公众忧虑。

目前，中国新增的核电发电机组基本上是设在原有核电站内或者已经确定的场址内，并不涉及新建核电厂，这也是福岛核事故以来，中国较少有核电风险讨论的原因之一。但是，核电发展不可能一直局限在目前的厂址之内，所以《"十四五"现代能源体系规划》提到了要"切实做好核电厂址资源保护"。而面对我国华中地区电力增长与资源环境约束的矛盾，相关研究报告也建议重启内陆核电站的推进工作，2008 年 2 月，国家发展和改革委员会正式同意湖南桃花江、湖北咸宁、江西彭泽 3 个内陆地区核电项目开展前期工作，2011 年 3 月，日本发生福岛核事故，我国在内陆地区核电发展问题上出现分歧。报告中指出，"核电厂址是一种稀缺资源，主要是由于核电选址非常严苛，需要同时满足地质、地理、社会等十几个方面的条件。随着沿海核电的不断开发，符合条件的沿海厂址也越来越少。同时，仅在沿海布局和建设核电，已难以满足内陆省份经济发展对能源日益增长的需求，以及对稳定支撑内陆电网安全的要求。因此，我国核电建设从沿海地区转向内陆地区是必然选择"。②

事实上，世界上很多国家的核电站也是内陆核电站，到 2018 年底，在全球 450 台运行核电机组中，有 256 台分布在内陆，占到 57%，如美国的密西西比河流域就建有 21 座核电厂，③ 所以核能业内人士主张重启内陆核电也有着一定的现实依据。但是相对于核能业内人士一边倒的合理说法，

① 曾繁旭、戴佳：《中国式风险传播：语境、脉络与问题》，《西南民族大学学报》（人文社会科学版）2015 年第 4 期。

② 中国核能行业协会：《我国内陆地区核电发展问题研究》，载张廷克、李闻榕、尹卫平等主编《核能发展蓝皮书：中国核能发展报告（2021）》，社会科学文献出版社，2021，第 95 页。

③ 中国核能行业协会：《我国内陆地区核电发展问题研究》，载张廷克、李闻榕、尹卫平等主编《核能发展蓝皮书：中国核能发展报告（2021）》，社会科学文献出版社，2021，第 108 页。

民众是否接受又是另外一回事了，至少在江西彭泽核电站的前期建设中，一江之隔的安徽省望江县以政府公文的形式，请求叫停江西彭泽核电站建设，该公文称："彭泽核电项目评定报告'人口数据失真、地震标准不符、临近工业集中区和民意调查走样'。"① 民众对于专业人士依然有着深深的不信任。

这也意味着，如果没有一种良性的沟通机制，核电项目或许免不了陷入"一闹就停""一闹就缓""一闹就迁"的恶性循环，② 曾繁旭、戴佳称，"这似乎是中国风险传播的一个死结"。③ 如中核瑞能以及连云港官方在民众的抗议活动之后宣布在连云港落地"核循环项目"这一消息不实，强调连云港只是候选厂址之一。

早期风险沟通专家大多假定，专家与普通人之间对于风险的认知存在落差，因而风险沟通专家们所不解的是为何公众不能够像他们一样理解风险，与之相对应的风险沟通模式多为单向告知的模式。随着风险沟通实践与研究的发展，现在的风险沟通专家基本上都能够意识到"公众参与"的重要性，而且这种"公众参与"也绝非形式上的一种参与。卡斯帕森（Roger E. Kasperson）指出，对于政府官员而言，"沟通"只是一种安抚民心的手段，是完成特定计划的一种方式，用以"减少冲突"或者是"增加合法性"，但是对于民众而言，"参与"并非一种手段，而是终极的目标，即民众所期望的是真正参与到风险决策中来。④

另外，风险沟通也绝非科学普及那么简单，它不是一个单一事件，而是需要将其置入当地时空脉络中加以考虑。有网友评论连云港"核废料"或者"核循环"项目的暂停是愚昧战胜了科学，这种评论所暗含的假设就是风险接受是一种单纯的科学普及事务，好像科学素养提高了，所有科学风险的沟通就能迎刃而解。这种将风险接受归于一种主要因素的做法早就

---

① 方芗：《中国核电风险的社会建构》，社会科学文献出版社，2014，第13页。
② 刘建华：《广东茂名PX事件调查》，《小康》2014年第5期。
③ 曾繁旭、戴佳：《中国式风险传播：语境、脉络与问题》，《西南民族大学学报》（人文社会科学版）2015年第4期。
④ 〔美〕罗杰·E.卡斯帕森：《公众参与及其与风险沟通相关的六个命题》，载〔美〕珍妮·X.卡斯帕森、〔美〕罗杰·E.卡斯帕森编著《风险的社会视野（上）：公众、风险沟通及风险的社会放大》，童蕴芝译，中国劳动社会保障出版社，2010，第4页。

受到风险研究学者们的批判，因为它没有对当地特殊情境脉络进行考虑，风险的感知和接受始终是一种科技、政治和文化互相作用的结果。连云港居民对"核废料"或者"核循环"项目的激烈反应恐怕与连云港本地已有一座核电站不无关系。这说明风险沟通从来都不是一个单纯的风险经过科学的分析评估讨论从而被公众接受的过程，而是一个与经济发展和社会稳定等多个问题纠缠在一起的事务。

2011 年日本福岛核事故"让全世界的核电发展都陷入困境，反核声音高涨。中国也不例外，从普通公众到科学界，原本潜在的反核力量开始面目清晰起来，声音也越来越大，他们要求信息更加透明，要求科技决策更加民主"。① 这也需要在核电发展的决策过程中，公众能够有效参与进来。

《人民日报》作为"党的喉舌"，在风险沟通中，它是可以有所作为的。从国外的经验来看，公众未必就反对核能发展，问题在于，公众的忧虑需要被主流话语所"言说"，需要被主流话语所"讨论"，最后达成一种有公众参与的"核能共识"。

---

① 章剑锋：《中国反核行动浮出水面》，《南风窗》2012 年第 6 期。

第六章　结语

　　具备高技术、高能量和能带来重大后果的核能，是 1945 年后人类对科学、真理和进步信念的最显著产物之一，[①] 核能带来的是人类社会的国际秩序与能源结构的重构，拥有了核武器，意味着在国际社会中，也就有了与他人谈判的筹码，正如邓小平所言："如果六十年代以来中国没有原子弹、氢弹，没有发射卫星，中国就不能叫有重要影响的大国，就没有现在这样的国际地位。这些东西反映一个民族的能力，也是一个民族、一个国家兴旺发达的标志。"[②] 而掌握了核能发电技术，对于传统能源匮乏的国家而言，就意味着国家能源安全多了一份保障。

　　可以说，在未来相当长的时间内，核能始终是人类社会一个无可回避的政治问题、能源问题。政治方面，目前，国际社会并未就不扩散核武器达成共识，世界仍处于核威胁之中。能源方面，国际能源署（IEA）认为，要想在未来三十年内世界达到净零排放的目标，全球核电产能需要翻一番。[③]

　　而在更为基础性的方面，以核能为代表的高新科技将人类带向一种风险社会的境地，人们在享受科技进步的同时遭受着技术风险的威胁，"高度发展的核能和化学生产力的危险，摧毁了我们据以思考和行动的基础和

---

① 〔英〕阿兰·艾尔温、〔英〕斯图亚特·阿兰、〔英〕伊恩·威尔什：《核风险：三个难题》，载〔英〕芭芭拉·亚当、〔德〕乌尔里希·贝克、〔英〕约斯特·房·龙主编《风险社会及其超越：社会理论的关键议题》，赵延东、马缨等译，北京出版社，2005，第124 页。

② 《邓小平文选》（第三卷），人民出版社，1993，第 15 页。

③ 李峻：《IEA：全球核电须翻番　才能实现净零排放目标》，《中国石化报》2022 年 8 月 26 日，第 7 版。

范畴，比如空间和时间、工作和闲暇、工厂和民族国家，甚至还包括大陆的界线。换一种方式说，在风险社会中，不明的和无法预料的后果成为历史和社会的主宰力量"。① 核能始终作为风险社会的一种表征而存在。

因而集威慑力、能源、风险于一身的核能，自诞生之初，便是一种与政治、文化、认同等交织在一起的技术力量，它又被赋予了各式各样的想象与认同（对现代科技的信仰、对国家科技实力的自豪等）。

福柯认为，所谓话语构造了话题，即话语限定着一个话题能被有意义谈论和追问的方法，由于限定，话语也"排除"、限制和约束了其他的言谈方式，以及与该话题有关的知识以及社会实践，② 话语在建构现实时也在限定着现实。因而，有关核能的话语，实际上也在限定着核能可以在什么意义和什么层次上进行讨论，进而建构着人们对于核能的想象与认同。而作为官方媒体的《人民日报》正是中国核能话语形塑的主要承担者，通过对《人民日报》的知识考古，我们可以看到，核能从进入中国起被言谈和想象的方式。

综观《人民日报》的话语实践，我们不难发现，与世界其他地方一样，核能在中国被赋予了各种想象和认同，它承载着民族复兴、国家自强等梦想，"接合"着意识形态的"爱恨情仇"。而作为"党的喉舌"的《人民日报》，它要通过话语实践来使中国所需要的核能想象和认同合理化，于是在不同的历史时期，核能的形象也在发生变化，关于核能的话语主题也随着历史变迁。

在中华人民共和国成立后的无核阶段，核能话语更多的是与反对美国的"核讹诈"与宣传苏联对原子能的和平利用有关，此间也不乏对于核能的美好想象。待中国原子弹爆炸成功后，中国的核能话语又转向了"消灭核武器"的和平主张。改革开放之后，中国的核能进入民用发电的阶段，此时，《人民日报》的话语任务就变成了如何为中国的核能发展保驾护航。秦山核电站并网发电之后，核电在中国很快就被形塑成民族复兴的象征。

---

① 〔德〕乌尔里希·贝克：《风险社会》，何博闻译，译林出版社，2004，第20页。

② 〔英〕斯图尔特·霍尔：《表征：文化表征与意指实践》，徐亮、陆兴华译，商务印书馆，2013，第65页。

21 世纪以来，随着中国核电事业的大发展以及中国谋求新的国际地位，"走出去"的核电又被形塑成中国新的名片及一个全新的"国之重器"。从核弹到核电，中国的核能发展走过了一段奋起直追的光辉历程。

在以上不同历史时期，尤其是中国开始利用核能进行发电时，核能就一直被塑造成经济的、安全的、清洁的能源，当然，中国核电本身的安全运营情况也给中国核电发展增添了莫大信心。不过，与核能在国外存在极大争议相比，核能在中国始终是和谐的，其风险面向很少被提及，再加上《人民日报》不断提及中国面临的调整能源结构、减少污染、应对气候变迁等一系列现实问题，这种话语形构也为核电在中国的大发展提供了一个有利的舆论环境。

对于核能的风险沟通而言，核能与民族复兴、国家自强等意识形态的"接合"虽然可以凝聚民众对于国家的认同，但是也不能忽视公众具体的、微小的担忧声音。2022 年 9 月 13 日，时任国务院总理李克强主持召开国务院常务会议，"决定核准福建漳州二期和广东廉江一期核电项目，要求确保绝对安全"。① 消息一出，在网络上还是引起了争议，支持者认为"今年夏季，南方缺水少电，严重影响了当地百姓生产生活。发展核电是利好"，"国家有办法解决其安全问题"。反对者认为，"少建设为好，在世界范围看，它就是一个不定时炸弹"。从 1980 年代中国建设第一座核电站开始到现在，核电在中国落地已有几十年的历史，但是仍然有民众将核电站称为"炸弹"，这说明了公众对于核电依然是认识不清的，这也意味着，在中国核电大发展的趋势之下，打消公众的顾虑依然是一个长期而艰巨的任务。这也需要《人民日报》等主流媒体倾听这些"反话语"，并予以回应。

当然，本研究还存在诸多的局限性。

第一，按照关键事件寻找话语是一种行之有效的建构媒介话语的路径，可以清晰地看到在不同历史阶段的话语主题。但是如此容易忽略在阶段性主题之下暗藏的非主流话语，如关于核废料、核垃圾的处理问题，这些语篇散落在不同的历史阶段，它很难构成一种阶段性的主题话语，但它确实存在，并且不能说不重要。只是按照本研究的路径，这些话语就只能

---

① 《李克强主持召开国务院常务会议》，《人民日报》2022 年 9 月 15 日，第 4 版。

被舍弃，不得不说这是一种遗憾。另外一种被舍弃的，是那些并不跟随关键事件的话语，如从 1980 年代开始，《人民日报》追忆当初核军工业者的艰辛历程，正是由于他们当年在戈壁滩默默无闻付出，才有来自中国西部响彻世界的爆炸声。《罗布泊，现在可以说了——记中国核试验基地的科研人员》① 《核都今昔——访蘑菇云首次升起的地方》② 《红色蘑菇云——第一颗原子弹诞生》③ 《我国首次核试验前后》④ ……这些篇章都再现了那段被人忽略的历史，"596" "马兰花" "夫妻树" "功勋榆树沟" "人造林" ……这些话语也随着历史的发展而逐渐解密。但是在原子弹爆炸的年代，这些都是不能被言说的，待到后来可以言说时，这些话语又无法构成后来那个时代核话语的主题，这成为本研究的另一种遗憾。

第二，在研究方法上，本研究更多采用一种批判话语分析的方法，但是批判与分析之间如何平衡好，是一个非常考验研究者功力的事情，另外，批判话语分析注重了对核能话语（discourse）层面的分析，并没有涉及内容（content）层面的分析，虽然单纯的批判话语分析一般只注重对话语背后诸多关系的分析，但是内容分析可以获得一种全局性的观察，对于话语分析而言也是大有裨益的，未来是可以补充加强的。比如，通过对于"核能""核电"等关键词的词频分析，可以再现在不同的历史时期中核能被《人民日报》"言谈"的次数，以此发现核能在历史中的地位。

第三，从现实层面来说，《人民日报》作为"党的喉舌"，更多是将领导集团内部一致的声音传达出来，而对于不同能源部门间的利益主张以及核能本身的复杂性较少涉足。但实际上，核能发展在中国也并不是看上去那般顺利，它也是多方利益争斗和平衡的结果，核能选择的实质是一种政治问题，它包括：是哪种力量决定了中国对于核能技术的选择和采纳？谁参与了决策，又涉入了什么样的利益？技术选择问题，更确切地说是核反应堆的标准问题，是降低成本和确保行业安全的核心，同时是利益争斗的

---

① 刘南昌、刘程：《罗布泊，现在可以说了——记中国核试验基地的科研人员》，《人民日报》1987 年 7 月 27 日，第 3 版。
② 祝谦：《核都今昔——访蘑菇云首次升起的地方》，《人民日报》1995 年 11 月 9 日，第 4 版。
③ 《红色蘑菇云——第一颗原子弹诞生》，《人民日报》1999 年 9 月 17 日，第 11 版。
④ 李旭阁：《我国首次核试验前后》，《人民日报》1999 年 11 月 6 日，第 6 版。

中心，因为从政府、核工业以及附属产业从业人员、科学社群、外交官员到国际核能供货商，这些利益相关者都在寻求各自利益的最大化，[①] 但是这些争议在《人民日报》的核能话语中也难以寻觅，当然这也是《人民日报》的性质所决定的，所以未来可进一步关注中国核能决策的外部性条件及其与核能话语生产的联结，以得到对中国核能发展更加立体的理解。

第四，本研究将《人民日报》作为媒介话语的研究对象固然有其合理性，但对于宏大的、多面向的中国核能话语而言，这种选择还是忽略了与其他媒介话语的共振，如科普杂志、科技类报纸（如《科技日报》）、影视作品（如电影《横空出世》）、相关领导同志的回忆录（如《起步到发展：李鹏核电日记》）、核工业者的著作（如《从核弹到核电：核能中国》）等。假如本书在书写的过程中更好地与这些话语呼应勾连的话，中国的核能形象定会更加客观、立体和饱满。

[①] Yi-Chong Xu, *The Politics of Nuclear Energy in China*（London：Palgrave Macmillan，2010），p. 9.

参考文献

一　中文著作

〔英〕阿兰·艾尔温、〔英〕斯图亚特·阿兰、〔英〕伊恩·威尔什:《核风险:三个难题》,载〔英〕芭芭拉·亚当、〔德〕乌尔里希·贝克、〔英〕约斯特·房·龙主编《风险社会及其超越:社会理论的关键议题》,赵延东、马缨等译,北京出版社,2005。

〔英〕艾玛·休斯、〔英〕詹尼·基青格、〔英〕格拉姆·默多克:《媒体与风险》,载〔英〕彼得·泰勒-顾柏、〔德〕詹斯·O.金主编《社会科学中的风险研究》,黄觉译,中国劳动社会保障出版社,2010。

〔英〕芭芭拉·亚当、〔英〕约斯特·房·龙:《重新定位风险:对社会理论的挑战》,载〔英〕芭芭拉·亚当、〔德〕乌尔里希·贝克、〔英〕约斯特·房·龙主编《风险社会及其超越:社会理论的关键议题》,赵延东、马缨等译,北京出版社,2005。

〔美〕彼得·伯格、〔美〕托马斯·卢克曼:《现实的社会构建》,汪涌译,北京大学出版社,2009。

〔澳大利亚〕彼得·加勒特、〔新西兰〕艾伦·贝尔:《媒介与话语:一个批判性的概述》,载〔新西兰〕艾伦·贝尔、〔澳大利亚〕彼得·加勒特主编《媒介话语的进路》,徐桂权译,中国人民大学出版社,2016。

〔法〕布鲁诺·拉图尔:《我们从未现代过:对称性人类学论集》,刘鹏、安涅思译,苏州大学出版社,2010。

陈恒六:《爱因斯坦和原子弹》,《自然辩证法通讯》1985年第4期。

陈嘉映:《海德格尔哲学概论》,生活·读书·新知三联书店,1995。

陈嘉映：《语言哲学》，北京大学出版社，2003。

邓小平：《邓小平文选》（第二卷），人民出版社，1994。

邓小平：《邓小平文选》（第三卷），人民出版社，1993。

〔英〕恩斯特·拉克劳、〔英〕查特尔·墨菲：《领导权与社会主义的策略——走向激进民主政治》，尹树广、鉴传今译，黑龙江人民出版社，2003。

方芗：《中国核电风险的社会建构》，社会科学文献出版社，2014。

苏峰山：《论述分析导论》，载林本炫、何明修主编《质性研究方法及其超越》，南华大学教育社会学研究所，2004。

〔澳〕格雷姆·特纳：《英国文化研究导论》，唐维敏译，亚太图书出版社，1998。

〔荷〕托伊恩·A. 梵·迪克：《作为话语的新闻》，曾庆香译，华夏出版社，2003。

黄光国：《社会科学的理路》，中国人民大学出版社，2006。

黄瑞祺：《批判社会学——批判理论与现代社会学》，三民书局，2007。

〔德〕卡·马克思：《关于费尔巴哈的提纲》，载中共中央马克思恩格斯列宁斯大林著作编译局编译《马克思恩格斯选集》（第一卷），人民出版社，2012。

〔英〕尼克·库尔德利、〔德〕安德烈亚斯·赫普：《现实的中介化建构》，刘泱育译，复旦大学出版社，2023。

李良荣：《新闻学概论》，复旦大学出版社，2003。

刘大椿、刘劲杨：《科学技术哲学经典研读》，中国人民大学出版社，2011。

刘涛：《环境传播：话语、修辞与政治》，北京大学出版社，2011。

刘维公：《第二现代理论：介绍贝克与季登斯的现代性分析》，载顾忠华主编《第二现代：风险社会的出路?》，巨流图书公司，2001。

〔美〕罗伯特·考克斯：《假如自然不沉默：环境传播与公共领域》，纪莉译，北京大学出版社，2016。

〔美〕罗杰·E. 卡斯帕森：《公众参与及其与风险沟通相关的六个命题》，载〔美〕珍妮·X. 卡斯帕森、〔美〕罗杰·E. 卡斯帕森编著《风险的社会视野（上）：公众、风险沟通及风险的社会放大》，童蕴芝译，中国劳动社会保障出版社，2010。
罗荣渠：《现代化新论——世界与中国的现代化进程》，北京大学出版社，1995。
〔德〕马丁·海德格尔：《演讲与论文集》，孙周兴译，生活·读书·新知三联书店，2005。
〔法〕米歇尔·福柯：《知识考古学》，董树宝译，生活·读书·新知三联书店，2021。
倪炎元：《论述研究与传播议题分析》，五南图书公司，2018。
〔英〕诺曼·费尔克拉夫：《话语与社会变迁》，殷晓蓉译，华夏出版社，2003。
〔英〕齐格蒙特·鲍曼：《后现代伦理学》，张成岗译，江苏人民出版社，2003。
强以华：《存在与第一哲学》，武汉大学出版社，1999。
〔英〕斯图尔特·霍尔：《表征：文化表征与意指实践》，徐亮、陆兴华译，商务印书馆，2013。
〔美〕托德·吉特林：《新左派运动的媒介镜像》，胡正荣、张锐译，华夏出版社，2007。
王茜、李林蔚、石磊等：《2020年世界核能发展》，载张廷克、李闽榕、尹卫平等主编《核能发展蓝皮书：中国核能发展报告（2021）》，社会科学文献出版社，2021。
〔奥〕维特根斯坦：《哲学研究》，李步楼译，商务印书馆，2000。
〔美〕沃尔特·李普曼：《舆论》，常江、肖寒译，北京大学出版社，2018。
〔德〕乌尔里希·贝克：《风险社会》，何博闻译，译林出版社，2004。
徐友渔：《“哥白尼式”的革命——哲学中的语言转向》，上海三联书店，1994。
杨大春：《后结构主义》，扬智文化，1996。
〔加〕伊恩·哈金：《驯服偶然》，刘钢译，中央编译出版社，2000。
中国核能行业协会：《我国内陆地区核电发展问题研究》，载张廷克、李闽榕、尹卫平等主编《核能发展蓝皮书：中国核能发展报告（2021）》，社会科学文献出版社，2021。

中国能源研究会：《走近核电》，中国科学技术出版社，2018。

钟蔚文：《想象语言：从 Saussure 到台湾经验》，载翁秀琪主编《台湾传播学的想象（上）》，巨流图书公司，2004。

周超然、张明、石磊等：《中国核能发展与展望（2021）》，载张廷克、李闻榕、尹卫平等主编《核能发展蓝皮书：中国核能发展报告（2021）》，社会科学文献出版社，2021。

二 中文期刊、报纸及网站

鲍磊：《风险：一种"集体构念"——基于道格拉斯文化观的探讨》，《学习与探索》2016 年第 5 期。

〔英〕布莱恩·韦恩：《风险社会、不确定性和科学民主化》，《科技、医疗与社会》2007 年第 5 期。

戴佳、曾繁旭、黄硕：《核恐慌阴影下的风险传播——基于信任建设视角的分析》，《新闻记者》2015 年第 4 期。

戴佳、曾繁旭、王宇琦：《官方与民间话语的交叠：党报核电议题报道的多媒体融合》，《国际新闻界》2014 年第 5 期。

顾忠华：《风险社会的概念及其理论意涵》，《政治大学学报》1994 年第 69 期。

国家发展改革委、国家能源局：《"十四五"现代能源体系规划》，https://www.ndrc.gov.cn/xxgk/zcfb/ghwb/202203/t20220322_1320016.html？code=&state=123。

何明修：《从三哩岛到福岛——台湾反核运动的发展》，《科学文化评论》2015 年第 5 期。

《红色蘑菇云——第一颗原子弹诞生》，《人民日报》1999 年 9 月 17 日，第 11 版。

胡正荣、李继东：《我国媒介规制变迁的制度困境及其意识形态根源》，《新闻大学》2005 年第 1 期。

黄惠萍：《媒介框架之默认判准效应与阅听人的政策评估——以核四案为例》，《新闻学研究》2003 年第 77 期。

李峻：《IEA：全球核电须翻番　才能实现净零排放目标》，《中国石化报》

2022 年 8 月 26 日，第 7 版。

《李克强主持召开国务院常务会议》，《人民日报》2022 年 9 月 15 日，第 4 版。

李旭阁：《我国首次核试验前后》，《人民日报》1999 年 11 月 6 日，第 6 版。

刘建华：《广东茂名 PX 事件调查》，《小康》2014 年第 5 期。

刘南昌、刘程：《罗布泊，现在可以说了——记中国核试验基地的科研人员》，《人民日报》1987 年 7 月 27 日，第 3 版。

刘涛：《接合实践：环境传播的修辞理论探析》，《中国地质大学学报》（社会科学版）2015 年第 1 期。

莫笛：《从反核到弃核——德国反核运动回顾》，《德语学习》2011 年第 4 期。

倪炎元：《批判论述分析的定位争议及其应用问题：以 Norman Fairclough 分析途径为例的探讨》，《新闻学研究》2012 年第 110 期。

邱鸿峰：《新阶级、核风险与环境传播：宁德核电站环境关注的社会基础及政府应对》，《现代传播》2014 年第 10 期。

全燕：《风险的媒介化认知：〈纽约时报〉与〈人民日报〉对日本核泄漏报道的框架分析》，《中国地质大学学报》（社会科学版）2012 年第 3 期。

人民日报社简介，2018，http://www.people.com.cn/GB/50142/104580/index.html。

史安斌：《危机传播研究"西方范式"及其在中国语境下的"本土化"问题》，《国际新闻界》2008 年第 6 期。

宋任穷、刘杰、刘西尧等：《中国核工业 40 年的光辉历程》，《人民日报》1995 年 1 月 27 日，第 11 版。

王冬敏、彭小强：《探析风险社会中核电的科学传播》，《科技管理研究》2015 年第 16 期。

翁秀琪：《批判语言学、在地权力观和新闻文本分析：宋楚瑜辞官事件中李宋会的新闻分析》，《新闻学研究》1998 年第 57 期。

吴宜灿：《创新应用　积极安全有序发展核电》，《人民日报》2022 年 7 月 14 日，第 8 版。

习近平：《坚定信心　共克时艰　共建更加美好的世界——在第七十六届联合国大会一般性辩论上的讲话》，《人民日报》2021 年 9 月 22 日，第 2 版。

许多多:《核电议题的媒介报道:话语、框架与他者呈现——以〈人民日报〉对日本福岛核事故的报道为例》,载《北京大学新闻与传播学院·第二届"中欧对话:媒介与传播研究"暑期班论文汇编》,北京大学新闻与传播学院,2015。

叶启政:《均值人与离散人的观念巴贝塔:统计社会学的两个概念基石》,《台湾社会学》2001 年第 1 期。

游美惠:《内容分析、文本分析与论述分析在社会研究的作用》,《调查研究》2000 年第 8 期。

曾繁旭、戴佳、王宇琦:《风险行业的公众沟通与信任建设:以中广核为例》,《中国地质大学学报》(社会科学版)2015 年第 1 期。

曾繁旭、戴佳、王宇琦:《技术风险 VS 感知风险:传播过程与风险社会放大》,《现代传播》2015 年第 3 期。

曾繁旭、戴佳、王宇琦:《媒介运用与环境抗争的政治机会:以反核事件为例》,《中国地质大学学报》(社会科学版)2014 年第 4 期。

曾繁旭、戴佳:《中国式风险传播:语境、脉络与问题》,《西南民族大学学报》(人文社会科学版)2015 年第 4 期。

张江艳:《基于公众认知与态度的核电信息传播研究》,硕士学位论文,湖南师范大学,2015。

章剑锋:《中国反核行动浮出水面》,《南风窗》2012 年第 6 期。

赵林静:《话语历史分析:视角、方法与原则》,《广东外语外贸大学学报》2009 年第 3 期。

赵青霞、杨小明:《马克思不是"技术决定论者"吗?——兼与刘立先生商榷》,《自然辩证法研究》2004 年第 8 期。

中国核网:《耗资超 1000 亿的核废料后处理大厂或落户连云港》,微信公众号 2016 年 7 月 28 日,https://mp. weixin. qq. com/s/7cXEWAL7Mwgv ABpHcesVdg。

周桂田:《现代性与风险社会》,《台湾社会学刊》1998 年第 21 期。

祝谦:《核都今昔——访蘑菇云首次升起的地方》,《人民日报》1995 年 11 月 9 日,第 4 版。

三 外文文献

Alvin M. Weinberg, and Irving Spiewak, "Inherently Safe Reactors and a Second Nuclear Era," *Science* 224 (1984): 1398–1402.

Anabela Carvalho, "Media (Ted) Discourse and Society: Rethinking the Framework of Critical Discourse Analysis," *Journalism studies* 9 (2008): 161–177.

Anthony Giddens, *The Constitution of Society* (Berkeley, CA: University of California Press, 1984).

Antonio Gramsci, *Selections From the Prison Notebooks of Antonio Gramsci* (New York, NY: International Publishers, 1971).

Barbara Gabriella Renzi, Matthew Cotton, Giulio Napolitano, et al., "Rebirth, Devastation and Sickness: Analyzing the Role of Metaphor in Media Discourses of Nuclear Power," *Environmental Communication* 11 (2017): 624–640.

Brian Wynne, "May the Sheep Safely Graze? A Reflexive View of the Expert-Lay Knowledge Divide," in Scott Lash, Bronislaw Szerszynski and Brian Wynne eds., *Risk, Environment and Modernity: Towards a New Ecology* (London: Sage, 1996).

Bryan C. Taylor, "Nuclear Weapons and Communication Studies: A Review Essay," *Western Journal of Communication (includes Communication Reports)* 62 (1998): 300–315.

Bryan C. Taylor, "Organizing the 'Unknown Subject': Los Alamos, Espionage, and the Politics of Biography," *Quarterly Journal of Speech* 88 (2002): 33–49.

Bryan C. Taylor, William J. Kinsella, Stephen P. Depoe, et al., "Nuclear Legacies: Communication, Controversy, and the Us Nuclear Weapons Complex," in Pamela J. Kalbfleisch ed., *Communication Yearbook* 29 (Mahwah, NJ: Lawrence Erlbaum Associates, 2005).

Carol E. Harrison, and Ann Johnson, "Introduction: Science and National Identity," *Osiris* 24 (2009): 1–14.

Deborah Cameron, and Ivan Panovic, *Working With Written Discourse* (London: Sage, 2014).

Dorothy Nelkin, and Michael Pollak, "Ideology as Strategy: The Discourse of the Anti-Nuclear Movement in France and Germany," *Science, Technology, & Human Values* 5 (1980): 3–13.

Edward Schiappa, "The Rhetoric of Nukespeak," *Communication Monographs* 56 (1989): 253–272.

Etsuko Kinefuchi, *Competing Discourses on Japan's Nuclear Power: Pronuclear Versus Antinuclear Activism* (New York, NY: Routledge, 2022).

Foad Izadi, and Hakimeh Saghaye-Biria, "A Discourse Analysis of Elite American Newspaper Editorials: The Case of Iran's Nuclear Program," *Journal of communication inquiry* 31 (2007): 140–165.

Gabrielle Hecht, "Technology, Politics, and National Identity in France," in Michael Thad Allen and Gabrielle Hecht eds., *Technologies of Power* (Cambridge, MA: The MIT Press, 2001).

Gabrielle Hecht, *The Radiance of France: Nuclear Power and National Identity after World War II* (Cambridge, MA: MIT Press, 2009).

Gilbert Weiss, and Ruth Wodak, "Introduction: Theory, Interdisciplinarity and Critical Discourse Analysis," in Gilbert Weiss and Ruth Wodak eds., *Critical Discourse Analysis: Theory and Interdisciplinarity* (London: Palgrave Macmillan, 2003).

Hanna Adoni, and Sherrill Mane, "Media and the Social Construction of Reality: Toward an Integration of Theory and Research," *Communication research* 11 (1984): 323–340.

Henry George Widdowson, *Text, Context, Pretext: Critical Issues in Discourse Analysis* (London: Blackwell, 2004).

Hugh Mehan, Charles E. Nathanson, and James M. Skelly, "Nuclear Discourse in the 1980s: The Unravelling Conventions of the Cold War," *Discourse & Society* 1 (1990): 133–165.

James Paul Gee, and Michael Handford, *The Routledge Handbook of Discourse Analysis* (London: Routledge, 2013).

James W. Carey, *Communication as Culture: Essays on Media and Society* (Revised Edition) (New York, NY: Routledge, 2009).

James W. Tollefson, "The Discursive Reproduction of Technoscience and Japanese National Identity in the Daily Yomiuri Coverage of the Fukushima Nuclear Disaster," *Discourse & Communication* 8 (2014): 299–317.

Jane Caputi, *Gossips, Gorgons and Crones: The Fates of the Earth* (Santa Fe, NM: Bear & Company, 1993).

Jane I. Dawson, "Anti-Nuclear Activism in the Ussr and Its Successor States: A Surrogate for Nationalism?" *Environmental Politics* 4 (1995): 441–466.

Jeff Connor-Linton, "Author's Style and World-View in Nuclear Discourse: A Quantitative Analysis," *Multilingua-Journal of Cross-Cultural and Interlanguage Communication* 7 (1988): 95–132.

John Corner, Kay Richardson, and Natalie Fenton, "Textualizing Risk: TV Discourse and the Issue of Nuclear Energy," *Media, Culture & Society* 12 (1990): 105–124.

John T. Jost, "The End of the End of Ideology," *American Psychologist* 61 (2006): 651–670.

Jon Palfreman, "A Tale of Two Fears: Exploring Media Depictions of Nuclear Power and Global Warming," *Review of Policy Research* 23 (2006): 23–43.

Julie Doyle, "Acclimatizing Nuclear? Climate Change, Nuclear Power and the Reframing of Risk in the UK News Media," *International Communication Gazette* 73 (2011): 107–125.

Koichiro Kokubun, "Philosophy in the Atomic Age—Why Is Nuclear Power Loved So Much?" *Asian Frontiers Forum: Questions Concerning Life and Technology After* 311 (Taiwan University, 2013).

Louis Althusser, *Lenin and Philosophy and Other Essays* (New York and London: Monthly Review Press, 1971).

María-Teresa Mercado-Sáez, Elisa Marco-Crespo, and Àngels Álvarez-Villa, "Exploring News Frames, Sources and Editorial Lines on Newspaper Coverage of Nuclear Energy in Spain," *Environmental Communication* (2018): 1–14.

Marci R. Culley, Emma Ogley-Oliver, Adam D. Carton, et al., "Media Framing of Proposed Nuclear Reactors: An Analysis of Print Media," *Journal of Community & Applied Social Psychology* 20 (2010): 497–512.

Marianne W. Jørgensen, and Louise J. Phillips, *Discourse Analysis as Theory and Method* (London: Sage, 2002).

Martin Reisigl and Ruth Wodak, *Discourse and Discrimination: Rhetorics of Racism and Antisemitism* (London: Routledge, 2001).

Mary Douglas, and Aaron Wildavsky, *Risk and Culture: An Essay on the Selection of Technological and Environmental Dangers* (Berkeley: University of California Press, 1982).

Michael Meyer, "Between Theory, Method, and Politics: Positioning of the Approaches to CDA," in Ruth Wodak and Michael Meyer eds., *Methods of Critical Discourse Analysis* (London: Sage, 2001).

Nasser Rashidi, and Alireza Rasti, "Doing (in) Justice to Iran's Nuke Activities? A Critical Discourse Analysis of News Reports of Four Western Quality Newspapers," *American Journal of Linguistics* 1 (2012): 1–9.

Nico Carpentier, and Benjamin De Cleen, "Bringing Discourse Theory into Media Studies: The Applicability of Discourse Theoretical Analysis (DTA) for the Study of Media Practises and Discourses," *Journal of language and politics* 6 (2007): 265–293.

Norman Fairclough, "Discourse and Text: Linguistic and Intertextual Analysis within Discourse Analysis," *Discourse & Society* 3 (1992): 193–217.

Patrick H Irwin, "An Operational Definition of Societal Modernization," *Economic Development and Cultural Change* 23 (1975): 595–613.

Paul Chilton, "Metaphor, Euphemism and the Militarization of Language," *Current Research on Peace and Violence* 10 (1987): 7–19.

Paul Slovic, "Trust, Emotion, Sex, Politics, and Science: Surveying the

Risk-Assessment Battlefield," *Risk Analysis* 19 (1999): 689-701.

Robert A. Stallings, "Media Discourse and the Social Construction of Risk," *Social Problems* 37 (1990): 80-95.

Ruth Wodak, "Critical Discourse Analysis, Discourse-Historical Approach," *The International Encyclopedia of Language and Social Interaction* (2015): 1-14.

Ruth Wodak, "Critical Discourse Analysis," in Constant Leung and Brian V. Street eds., *The Routledge Companion to English Studies* (London: Routledge, 2014).

Ruth Wodak, "The Discourse-Historical Approach," in Ruth Wodak and Michael Meyer eds., *Methods of Critical Discourse Analysis* (London: Sage, 2001).

Sevgi Balkan-Sahin, "Nuclear Energy as a Hegemonic Discourse in Turkey," *Journal of Balkan and Near Eastern Studies* 21 (2019): 443-461.

Siegfried Jäger, "Discourse and Knowledge: Theoretical and Methodological Aspects of a Critical Discourse and Dispositive Analysis," in Ruth Wodak and Michael Meyer eds., *Methods of Critical Discourse Analysis* (London: Sage, 2001).

Simon Cottle, "Ulrich Beck, 'Risk Society' and the Media: A Catastrophic View?" *European journal of communication* 13 (1998): 5-32.

Spencer R. Weart, *Nuclear Fear: A History of Images* (Cambridge, MA: Harvard University Press, 1988).

Spencer R. Weart, *The Rise of Nuclear Fear* (Cambridge, MA: Harvard University Press, 2012).

Stefan Titscher, Michael Meyer, Ruth Wodak, et al., *Methods of Text and Discourse Analysis: In Search of Meaning* (London: Sage, 2000).

Stephanie Taylor, "Locating and Conducting Discourse Analytic Research," in Margaret Wetherell, Stephanie Taylor and Simeon J. Yates eds., *Discourse as Data: A Guide for Analysis* (London: Sage, 2001).

Stuart Allan, "Talking Our Extinction to Death: Nuclear Discourse and the News

Media," *Canadian Journal of Communication* 14 (1989): 17–36.

Terry Locke, *Critical Discourse Analysis* (London: Continuum, 2004).

Theodor Adorno, *Negative Dialectics* (London: Routledge, 2004).

Ulrich Beck, "World Risk Society and Manufactured Uncertainties," *Iris* 1 (2009): 291–299.

Ulrike Felt, "Keeping Technologies Out: Sociotechnical Imaginaries and the Formation of Austria's Technopolitical Identity," in Sheila Jasanoff and Sang-Hyun Kim eds. , *Dreamscapes of Modernity: Sociotechnical Imaginaries and the Fabrication of Power* (Chicago: University of Chicago Press,2015).

Uwe Flick, *The Sage Handbook of Qualitative Data Analysis* (London: Sage, 2013).

William A. Gamson, and Andre Modigliani, "Media Discourse and Public Opinion on Nuclear Power: A Constructionist Approach," *American Journal of Sociology* 95 (1989): 1–37.

William A Gamson, David Croteau, William Hoynes, and Theodore Sasson, "Media Images and the Social Construction of Reality," *Annual Review of Sociology* 18 (1992): 373–93.

William J. Kinsella, Dorothy Collins Andreas, and Danielle Endres, "Communicating Nuclear Power: A Programmatic Review," *Annals of the International Communication Association* 39 (2015): 277–309.

William J. Kinsella, "One Hundred Years of Nuclear Discourse: Four Master Themes and Their Implications for Environmental Communication," in Susan L. Senecah ed. , *The Environmental Communication Yearbook Volume* 2 (Mahwah, NJ: Lawrence Erlbaum, 2005).

Yelizaveta Mikhailovna Sharonova, and Dr. Devika Sharma, "Nuclear Power Discourse Analysis: A Literature Review," *International Journal of Humanities & Social Science Studies* 3 (2016): 167–177.

Yi-Chong Xu, *The Politics of Nuclear Energy in China* (London: Palgrave Macmillan, 2010).

Yongxiang Wang, Nan Li, and Jingping Li, "Media Coverage and Government Policy of Nuclear Power in the People's Republic of China," *Progress in Nuclear Energy* 77 (2014): 214-223.

Zellig S. Harris, "Discourse Analysis," *Language* 28 (1952): 1-30.

附　表

《人民日报》中有关核能的典型报道（1949～2017）

序号	作者及文章	日期	版次
1	《中国人民政治协商会议第一届全体会议　各单位代表主要发言》	1949 年 9 月 24 日	第 2 版
2	钱三强：《只有在社会主义社会中原子能才能为国民经济服务》	1954 年 7 月 7 日	第 3 版
3	《在原子能问题上的两条路线》	1955 年 1 月 19 日	第 1 版
4	陈卓：《一定要和平利用原子能》	1955 年 3 月 11 日	第 4 版
5	《和平利用原子能的光辉榜样》	1956 年 6 月 17 日	第 1 版
6	尤·安宁科夫：《在原子时代的门前》	1956 年 6 月 18 日	第 4 版
7	王天一：《原子能时代的光辉》	1956 年 7 月 16 日	第 7 版
8	《原子时代新事物》	1957 年 5 月 23 日	第 5 版
9	《美政府仍要继续核武器试验》	1957 年 6 月 28 日	第 5 版
10	凌海：《社会主义各国和平利用原子能的情况》	1957 年 12 月 4 日	第 5 版
11	《原子迷恋者》	1957 年 12 月 24 日	第 5 版
12	《疯狂的政府醉心疯狂的计划》	1957 年 12 月 25 日	第 5 版
13	《反对西德走上原子战死路》	1958 年 4 月 13 日	第 3 版
14	《怪论》	1958 年 4 月 15 日	第 6 版
15	《又在敲打“核威慑”的破锣》	1958 年 4 月 19 日	第 5 版
16	《永久中立国竟要原子武装》	1958 年 8 月 10 日	第 2 版
17	《联合国研究原子能放射影响的科学委员会　认为停试核武器有利人类健康》	1958 年 8 月 12 日	第 7 版
18	王虹：《原子反应堆是怎么回事？》	1958 年 9 月 28 日	第 2 版
19	高士其：《歌唱原子反应堆》	1958 年 9 月 29 日	第 8 版
20	方纪：《原子能两首》	1959 年 1 月 27 日	第 8 版
21	《这是对苏联人民的背叛！》	1963 年 8 月 3 日	第 1 版

续表

序号	作者及文章	日期	版次
22	《加强国防力量的重大成就　保卫世界和平的重大贡献　我国第一颗原子弹爆炸成功》	1964 年 10 月 17 日	第 1 版
23	《新闻公报》	1964 年 10 月 17 日	第 1 版
24	《人大常委会举行第一百二十七次会议扩大会议　听取有关我国爆炸原子弹的报告》	1964 年 10 月 18 日	第 1 版
25	《中国打破了帝国主义国家的核垄断》	1964 年 10 月 19 日	第 1 版
26	《中国对世界和平作出巨大贡献》	1964 年 10 月 19 日	第 1 版
27	《中国核试验是必要的防御措施　也是为了在亚洲防止热核战争》	1964 年 10 月 19 日	第 1 版
28	《打破核垄断　消灭核武器》	1964 年 10 月 22 日	第 1 版
29	《中国核爆炸成就重大值得钦佩》	1964 年 10 月 22 日	第 4 版
30	《中国原子弹是人民的原子弹和平的原子弹》	1964 年 10 月 22 日	第 4 版
31	《争取全面禁止核武器的新起点》	1964 年 11 月 22 日	第 1 版
32	《核讹诈吓不倒革命的人民》	1964 年 12 月 31 日	第 4 版
33	《争取社会主义事业新胜利的保证——一九六五年新年献词》	1965 年 1 月 1 日	第 2 版
34	评论员：《自力更生最可靠》	1965 年 5 月 5 日	第 1 版
35	《华盛顿抱着三国条约两手发抖》	1965 年 5 月 19 日	第 4 版
36	《核恶霸的嘴脸》	1966 年 3 月 9 日	第 5 版
37	观察家：《美苏两个核霸王的又一笔交易》	1966 年 11 月 15 日	第 4 版
38	《中国核爆炸使美国核霸王目瞪口呆　美国西欧报刊惊呼我核试验进展神速出人意外》	1967 年 1 月 4 日	第 5 版
39	《美国"核霸王"可悲的挣扎》	1967 年 10 月 16 日	第 5 版
40	本报评论员：《美苏合谋的核骗局》	1968 年 6 月 13 日	第 5 版
41	《老货色　新包装》	1975 年 11 月 14 日	第 6 版
42	胡雪：《打倒核迷信》	1977 年 5 月 13 日	第 6 版
43	《努力登攀　大有希望》	1977 年 10 月 10 日	第 4 版
44	《全世界共有二百零一座核电站》	1978 年 4 月 21 日	第 6 版
45	《访法国比热伊核电站》	1978 年 5 月 24 日	第 5 版
46	于树：《原子能发电》	1978 年 9 月 24 日	第 6 版
47	江瑞熙：《拉美第一座核电站》	1978 年 10 月 19 日	第 5 版
48	《美国核电站严重事故在国内引起强烈反响》	1979 年 4 月 5 日	第 5 版
49	《美国核电站事故引起社会震动和不安》	1979 年 4 月 23 日	第 5 版
50	《美国核电站事件在西欧引起强烈反应》	1979 年 4 月 23 日	第 5 版

序号	作者及文章	日期	版次
51	《美群众示威抗议使用不安全核电站》	1979 年 5 月 8 日	第 6 版
52	《世界核电力工业发展迅速》	1979 年 6 月 26 日	第 5 版
53	《原子能科学技术要为四化发挥更大作用　中国核学会首次代表大会和原子能科学技术讨论会在京开幕》	1980 年 2 月 23 日	第 4 版
54	《我国已具备发展核电站的基本条件》	1980 年 2 月 25 日	第 1 版
55	杨志荣、朱斌、胥俊章等:《能源建设中的几个技术经济问题》	1980 年 2 月 28 日	第 5 版
56	虞云耀:《漫话核电》	1980 年 3 月 14 日	第 3 版
57	真:《核电站事故造成甲状腺缺陷》	1980 年 4 月 2 日	第 6 版
58	徐泽光:《及早确定核能在我国能源中的地位》	1980 年 6 月 14 日	第 4 版
59	欧阳予、虞冠新、林伟贤等:《这个新闻标题不够确切》	1980 年 6 月 15 日	第 3 版
60	陈祖甲:《我国核能专家呼吁:尽快在缺能地区建立核电站》	1980 年 11 月 11 日	第 3 版
61	许万金、罗安仁、张崇岩等:《缺能地区发展核电站很合算》	1980 年 11 月 15 日	第 4 版
62	罗安仁:《核电站安全吗?》	1981 年 2 月 8 日	第 2 版
63	鲍云樵:《核能的重任》	1981 年 3 月 26 日	第 3 版
64	《让原子能科学在经济建设中发挥更大作用》	1982 年 2 月 11 日	第 1 版
65	《我国第一座核电站前期建设进展快》	1982 年 8 月 20 日	第 1 版
66	《三十万千瓦核电厂定址秦山》	1982 年 11 月 11 日	第 4 版
67	《原子能发电既经济又可靠》	1982 年 11 月 21 日	第 6 版
68	《国民经济和社会发展第六个五年计划》	1982 年 12 月 13 日	第 1 版
69	《广东将兴建一座核电站》	1982 年 12 月 24 日	第 1 版
70	郭伟成:《初访秦山》	1982 年 12 月 29 日	第 3 版
71	《核电站不影响生态环境》	1983 年 6 月 19 日	第 7 版
72	卢继传:《联邦德国的核电工业》	1984 年 3 月 2 日	第 7 版
73	刘绪民:《安全·可靠·价廉——瑞典核能工业参观记实》	1984 年 4 月 20 日	第 7 版
74	任汉民、曲一日:《莫把核电站当原子弹》	1984 年 5 月 17 日	第 5 版
75	徐扬群、李瑞芝:《一场虚惊之后——美国三里岛核电站事故堆在修复中》	1984 年 5 月 17 日	第 5 版
76	《李鹏副总理答新华社记者问》	1985 年 1 月 19 日	第 2 版
77	《我国要适当发展核电》	1985 年 4 月 30 日	第 2 版
78	李钟发:《莱茵河畔核电站并未带来危险》	1986 年 2 月 18 日	第 7 版
79	刘绪民:《苏联核尘飘落邻国　北欧四国深受其害》	1986 年 4 月 30 日	第 7 版
80	《国际原子能机构说不应怀疑核电安全》	1986 年 5 月 1 日	第 3 版

续表

序号	作者及文章	日期	版次
81	《欧美国家严重关注苏联核电站事故 表示愿意向苏联提供援助》	1986年5月1日	第3版
82	《苏联正采取措施消除核电站事故后果》	1986年5月3日	第7版
83	《清除工作仍在进行 放射性物质在减少》	1986年5月7日	第7版
84	《苏联核事故是迄今世界上最严重的一次》	1986年5月10日	第7版
85	《切尔诺贝利核电站主要危险已过去》	1986年5月13日	第7版
86	《切尔诺贝利核电站事故又有六人死亡》	1986年5月14日	第7版
87	《十二国出口食品未受苏核事故污染》	1986年5月14日	第7版
88	《苏联核电站事故造成的污染已减弱》	1986年5月16日	第7版
89	何云华：《国家正采取五项措施确保核电站安全》	1986年5月22日	第1版
90	江红：《发展核电是必然趋势》	1986年5月23日	第7版
91	孔晓宁：《放射性烟云飘至我国上空》	1986年5月23日	第3版
92	《发展核电是对能源一种补充 必须做到安全第一质量第一》	1986年6月22日	第1版
93	《国务院批准核电厂安全法规》	1986年7月19日	第1版
94	木雅：《安全利用核能》	1986年7月20日	第7版
95	《违反操作规程是造成核电站事故原因》	1986年7月21日	第6版
96	黄幸群：《安全重于一切——访广东核电联营公司》	1986年8月1日	第2版
97	李长久：《核能——最有希望替代石油的能源》	1986年8月28日	第6版
98	艾笑：《中国的核安全监督 科学·严格·可靠》	1986年8月30日	第3版
99	《我国核电站安全已有稳固技术基础 核燃料循环和后处理研究水平先进》	1986年9月2日	第3版
100	潘家珉：《我国建设核电站 安全第一 质量第一》	1986年9月4日	第3版
101	吴德昌：《辐射对人类有没有危害?》	1986年9月4日	第5版
102	薛大知：《核电站与环境》	1986年9月4日	第5版
103	臧明昌：《压水堆核电站三道屏障》	1986年9月4日	第5版
104	周平：《发展核电是解决我国东南缺能的出路》	1986年9月4日	第5版
105	陈祖甲：《政府对建大亚湾核电站决定不变》	1986年9月6日	第3版
106	《香港一群众性核电考察团 赞成在大亚湾兴建核电厂》	1986年9月18日	第3版
107	孙东民：《多重防护 安全第一——访福岛第二原子能发电所》	1986年9月21日	第6版
108	《中国政府愿意签署国际公约 加强国际合作安全发展核电》	1986年9月26日	第1版
109	《石油资源储量有限 发展核能当务之急》	1986年10月29日	第7版

序号	作者及文章	日期	版次
110	江建国：《无可替代的能源战略抉择——西德核电事业巡礼之一》	1986 年 11 月 25 日	第 6 版
111	江建国：《涓滴不漏的安全监督——西德核电事业巡礼之二》	1986 年 11 月 26 日	第 6 版
112	王溪元：《赤子拳拳谈核电》	1987 年 3 月 31 日	第 3 版
113	张允文、景宪法：《美国的核电工业（上）（美国通讯）》	1987 年 4 月 7 日	第 7 版
114	张允文、景宪法：《美国的核电工业（下）（美国通讯）》	1987 年 4 月 8 日	第 7 版
115	李安定：《我国全面展开核安全监督》	1987 年 6 月 9 日	第 3 版
116	张启华：《塞纳河畔的核电站（法国通讯）》	1987 年 6 月 25 日	第 7 版
117	马为民：《核乏燃料后处理工业前途光明（法国通讯）》	1987 年 9 月 2 日	第 7 版
118	张何平、陈祖甲：《中国将继续发展核电》	1987 年 9 月 8 日	第 1 版
119	张荣典：《我国核安全将做到万无一失》	1987 年 9 月 8 日	第 1 版
120	郭伟成：《绿色土地上的希望——墨西哥绿湖核电站纪行》	1989 年 2 月 15 日	第 7 版
121	张友新：《核能——世界能源开发重点》	1989 年 3 月 27 日	第 7 版
122	孟宪谟：《核发电的优点》	1989 年 8 月 20 日	第 7 版
123	俞文明：《秦山，核电之城》	1989 年 9 月 9 日	第 4 版
124	鹿舫：《为了共和国的光和热——记能源工业四十年》	1989 年 10 月 5 日	第 5 版
125	黄幸群：《大亚湾核电站工程质量上乘》	1989 年 10 月 16 日	第 2 版
126	港洲、张鸣、远方：《海魂系秦山》	1989 年 12 月 11 日	第 5 版
127	邹爱国、牛正武：《春到大亚湾——记李鹏总理考察广东核电站》	1990 年 2 月 13 日	第 2 版
128	李鹰翔：《核电是有生命力的能源》	1990 年 4 月 16 日	第 7 版
129	侯湘玲、温天：《大亚湾的骄傲》	1991 年 1 月 3 日	第 1 版
130	邹大虎、贾建舟：《在这片国土上——来自大亚湾核电站常规岛安装现场的报告》	1991 年 8 月 13 日	第 2 版
131	唐庆忠、张军：《我国和平利用核能的一项重大成就　秦山核电站并网发电》	1991 年 12 月 18 日	第 1 版
132	卓培荣、蒋涵箴：《秦山：我国核电事业里程碑》	1991 年 12 月 19 日	第 4 版
133	卓培荣、蒋涵箴：《国之光荣——来自秦山核电站的报告》	1991 年 12 月 25 日	第 3 版
134	柯小波：《秦山核电站安全万无一失》	1992 年 1 月 19 日	第 8 版
135	陈祖甲、朱竞若：《核电：走出"瓶颈"的选择》	1993 年 12 月 9 日	第 1 版
136	新雨：《核电：安全、清洁、经济》	1994 年 2 月 6 日	第 7 版
137	本报评论员：《改革开放的丰硕成果——祝贺大亚湾核电站一号机组投入商业运行》	1994 年 2 月 7 日	第 1 版

续表

序号	作者及文章	日期	版次
138	江佐中、何平：《大亚湾核电站一号机组投入商业运行》	1994 年 2 月 7 日	第 1 版
139	温红彦：《大亚湾托起东方之珠》	1994 年 2 月 7 日	第 1 版
140	何伟、白剑峰：《重视环境保护　承担国际责任》	1994 年 3 月 16 日	第 2 版
141	古平：《也说"双重标准"》	1995 年 3 月 8 日	第 6 版
142	刘华新、徐步青：《德警护送核废料》	1995 年 4 月 26 日	第 7 版
143	《大力发展民族高技术产业》	1995 年 7 月 14 日	第 1 版
144	肖佳：《核电：从秦山起步》	1995 年 7 月 31 日	第 11 版
145	于宏建：《切尔诺贝利核事故十年》	1996 年 4 月 24 日	第 7 版
146	《中国的环境保护》	1996 年 6 月 5 日	第 1 版
147	于宏建：《切尔诺贝利核电站前途未卜》	1997 年 11 月 4 日	第 7 版
148	魏赤娅、王言彬、韩振军：《加快电力工业两个根本性转变》	1997 年 12 月 31 日	第 1、2 版
149	曹照琴、谢国明、王尧：《大亚湾之光》	1998 年 1 月 9 日	第 1、2 版
150	陈祖甲：《核岛安全检测系统稳定可靠》	1998 年 3 月 3 日	第 5 版
151	魏崴：《欧盟开始东扩谈判》	1998 年 4 月 4 日	第 3 版
152	孟范例：《核电站放射性废物可安全处置》	1998 年 6 月 10 日	第 5 版
153	高浩荣：《韩国发生核泄漏事故》	1999 年 10 月 8 日	第 7 版
154	曹照琴、谢国明、陈陆军：《大亚湾的"能量"》	2000 年 2 月 11 日	第 1、2 版
155	孙恪勤：《学一学德国》	2000 年 10 月 26 日	第 7 版
156	孟仁泉：《核电站畔问鱼虾》	2000 年 11 月 24 日	第 5 版
157	南山：《自主创新　发展核电》	2001 年 1 月 9 日	第 10 版
158	贾西平：《走近核电站》	2001 年 3 月 21 日	第 6 版
159	蒋建科：《适度发展核电是正确选择》	2001 年 4 月 26 日	第 6 版
160	李定凡：《一曲民族争气歌》	2001 年 12 月 15 日	第 7 版
161	南山：《推进核电国产化》	2001 年 12 月 15 日	第 7 版
162	朱竞若、陈家兴、胡谋：《核电自主看岭澳》	2002 年 7 月 3 日	第 1、2 版
163	张毅、贾西平：《挺起民族产业的脊梁——中国核工业集团公司推进核电国产化纪实》	2002 年 8 月 5 日	第 1 版
164	廖文根：《中国人能对核电实施一流管理》	2003 年 12 月 15 日	第 11 版

序号	作者及文章	日期	版次
165	蔡鹏举：《志在核电自主化——写在秦山二期核电站全面建成之际》	2004 年 5 月 11 日	第 11 版
166	廖文根：《我国核电发展成绩喜人》	2004 年 5 月 25 日	第 11 版
167	杨义：《好一个自主建设的岭澳核电》	2004 年 5 月 27 日	第 1 版
168	郭春晓：《保加利亚结束与欧盟入盟谈判》	2004 年 6 月 17 日	第 3 版
169	本报评论员：《加快核电建设势在必行》	2004 年 7 月 22 日	第 2 版
170	冉永平：《核电：加快建设正当时》	2004 年 7 月 22 日	第 2 版
171	廖文根：《核电专家指出　我国的核电站是安全的》	2004 年 8 月 12 日	第 2 版
172	廖文根：《核能发展呼唤"公众沟通"》	2004 年 8 月 19 日	第 14 版
173	王斌来、胡谋：《小平情系大亚湾》	2004 年 8 月 22 日	第 4 版
174	何工：《色彩纷呈的核技术》	2004 年 9 月 16 日	第 14 版
175	廖文根：《国之荣光》	2004 年 9 月 23 日	第 5 版
176	贺劲松：《坚持统筹规划　积极推进核电建设》	2005 年 1 月 15 日	第 1 版
177	廖文根：《自主创业谱新篇——写在我国核工业创建五十周年之际》	2005 年 1 月 15 日	第 1 版
178	蒋建科：《十三年宁静的生活验证了一条朴素的真理　核电清洁又安全》	2005 年 1 月 27 日	第 14 版
179	廖文根：《我国核电自主设计能力再攀高峰》	2005 年 6 月 7 日	第 6 版
180	胡谋、赵俊宏：《从全面引进到自主建设　中国广东核电集团闯出创新发展之路》	2005 年 8 月 29 日	第 2 版
181	廖文根、袁亚平：《秦山二核：民族核电的丰碑》	2005 年 9 月 8 日	第 1 版
182	孙勤：《以"切尔诺贝利"为鉴》	2006 年 4 月 27 日	第 14 版
183	谭武军：《零距离接触切尔贝利》	2006 年 4 月 29 日	第 3 版
184	沈丁立：《核扩散缘何难以遏止》	2006 年 5 月 18 日	第 3 版
185	晨曦：《坚持技术创新　发展民族核电》	2006 年 5 月 25 日	第 14 版
186	廖文根：《托举民族核电的希望——秦山二期核电工程自主创新求发展的启示》	2006 年 5 月 25 日	第 14 版
187	刘磊：《白鹭，在大亚湾展翅》	2006 年 7 月 15 日	第 1、5 版
188	李景卫：《澳大利亚　激烈辩论核能前景》	2007 年 1 月 19 日	第 7 版
189	欧阳洁：《民族核电耀华夏》	2007 年 5 月 29 日	第 2 版
190	《中国应对气候变化国家方案摘要》	2007 年 6 月 5 日	第 14 版
191	于青：《日本　地震考验核电安全》	2007 年 7 月 20 日	第 3 版

续表

序号	作者及文章	日期	版次
192	廖文根：《民族核电的"中国心"》	2007 年 9 月 28 日	第 5 版
193	《中华人民共和国和法兰西共和国关于应对气候变化的联合声明》	2007 年 11 月 27 日	第 3 版
194	廖文根：《国家核电走中国特色自主发展道路》	2008 年 2 月 28 日	第 2 版
195	朱剑红、姜赟：《优先发展核电》	2008 年 3 月 24 日	第 9 版
196	李琰：《法国核电安全警钟敲响》	2008 年 7 月 22 日	第 3 版
197	李琰：《法国：核电安全有"法宝"》	2008 年 8 月 14 日	第 18 版
198	廖文根：《秦山丰碑》	2008 年 11 月 4 日	第 1、2 版
199	胡谋：《大亚湾的"裂变"》	2008 年 11 月 5 日	第 2 版
200	胡谋：《改革开放铸就核电腾飞的翅膀》	2008 年 12 月 28 日	第 8 版
201	胡谋：《迈向核电发展新征程》	2008 年 12 月 28 日	第 8 版
202	黄全权、彭勇：《大亚湾核电站 30 年座谈会召开》	2008 年 12 月 29 日	第 1 版
203	丁大伟、杨晔：《50 多年的发展历史，日臻成熟的核电技术——核能利用迎来春天》	2009 年 4 月 23 日	第 6 版
204	蒋建科：《当"核电的春天"到来》	2009 年 11 月 26 日	第 19 版
205	武卫政：《减碳，中国一直在行动》	2009 年 12 月 9 日	第 9 版
206	赵永新：《第三代核电，从引进到自主》	2010 年 2 月 9 日	第 8 版
207	左娅：《核电迎来发展高峰》	2010 年 3 月 5 日	第 14 版
208	蒋建科：《我国核电迎来战略机遇期》	2010 年 3 月 15 日	第 20 版
209	莽九晨：《核乏燃料再处理让韩国犯难》	2010 年 3 月 18 日	第 21 版
210	刘华新：《利益驱动下的核电站存废之争》	2010 年 9 月 7 日	第 22 版
211	武卫政：《我国各地辐射环境监测未发现异常》	2011 年 3 月 15 日	第 3 版
212	刘毅、余建斌、孙秀艳等：《日本核泄漏近期不会影响我国》	2011 年 3 月 16 日	第 4 版
213	于青：《日本竭力防止更多放射性物质泄漏》	2011 年 3 月 16 日	第 1 版
214	《温家宝主持召开国务院常务会议　听取应对日本福岛核电站核泄漏有关情况的汇报》	2011 年 3 月 17 日	第 1 版
215	《中华人民共和国国民经济和社会发展第十二个五年规划纲要》	2011 年 3 月 17 日	第 1、5、6、7、8、9、10、11 版
216	王君平：《公众如何防护核辐射》	2011 年 3 月 17 日	第 3 版

序号	作者及文章	日期	版次
217	蒋建科：《机组安全稳定运行　辐射环境未现异常》	2011 年 3 月 22 日	第 5 版
218	黄拯：《大亚湾核电站　选址设计都安全》	2011 年 3 月 25 日	第 9 版
219	左娅：《质检总局禁止部分日本食品农产品进口》	2011 年 3 月 26 日	第 3 版
220	彭瑞云：《核泄漏，如何有效防护》	2011 年 3 月 28 日	第 20 版
221	余晓洁、程卓、何宗渝：《信息公开的背后——中国编织核安全与健康信息网》	2011 年 3 月 29 日	第 3 版
222	王君平：《对话卫生部核事故医学应急中心主任：少量辐射不会危及健康》	2011 年 4 月 1 日	第 9 版
223	于青：《福岛核电站污水泄漏阻止未果》	2011 年 4 月 4 日	第 3 版
224	傅铸：《排放核废水，日本不能独断专行》	2011 年 4 月 9 日	第 3 版
225	汤紫德：《核能是什么（走近核电）》	2011 年 4 月 11 日	第 20 版
226	赵永新、蒋建科、张玉洁：《三问中国核电》	2011 年 4 月 11 日	第 20 版
227	周婷玉：《菠菜洗三次　污染降九成》	2011 年 4 月 12 日	第 13 版
228	《核辐射分为七个等级（防辐射你应该知道的）》	2011 年 4 月 14 日	第 13 版
229	《我国内地环境辐射水平和食品抽样监测无明显变化》	2011 年 4 月 19 日	第 3 版
230	孙秀艳：《大亚湾核电站氚排放量符合标准》	2011 年 4 月 23 日	第 5 版
231	赵瑞昌：《核电厂有哪些类型（走近核电）》	2011 年 4 月 25 日	第 20 版
232	郭嘉、潘圆：《在开"源"节"油"上想辙》	2011 年 4 月 27 日	第 20 版
233	暨佩娟：《"减排"与供电，还得发展核能》	2011 年 6 月 7 日	第 21 版
234	朱苗苗：《"德意志森林"与反核运动》	2011 年 7 月 14 日	第 21 版
235	管克江、郑红：《德国核废料"回家"受阻引深思》	2011 年 11 月 29 日	第 22 版
236	《核电站有哪些类型（一）（核电 ABC）》	2011 年 12 月 19 日	第 20 版
237	《核电站有哪些类型（二）（核电 ABC）》	2011 年 12 月 22 日	第 16 版
238	王芳、崔悦：《为中国核电"走出去"打下扎实基础》	2013 年 4 月 12 日	第 21 版
239	管克江、黄发红：《德国弃核，无关安全》	2013 年 6 月 19 日	第 22 版
240	谢亚宏：《核电不能丢　仍然有前途》	2013 年 6 月 30 日	第 3 版
241	黄发红：《德国能源转型拉响警报》	2013 年 9 月 16 日	第 22 版
242	李学江、焦翔、黄培昭等：《世界，在我们眼中舞动》	2013 年 12 月 30 日	第 22、23 版
243	白天亮：《中国装备到了走出去的时候》	2014 年 4 月 14 日	第 19 版
244	杨义、熊建、李刚：《给核电发展吃颗定心丸》	2014 年 5 月 7 日	第 8 版
245	贾峰：《应对减排挑战　推进核电建设》	2014 年 6 月 21 日	第 10 版

续表

序号	作者及文章	日期	版次
246	赵永新、蒋建科、李刚：《核电"走出去"底气何在?》	2015 年 2 月 9 日	第 20 版
247	赵永新、李刚、蒋建科：《核电"走出去"念好"合"字诀》	2015 年 2 月 27 日	第 20 版
248	《和平合作 开放包容 互学互鉴 互利共赢》	2015 年 3 月 30 日	第 3 版
249	何建坤：《推动能源革命 实现减排目标》	2015 年 7 月 4 日	第 10 版
250	何建坤：《推动能源革命，强化应对气候变化行动》	2015 年 9 月 29 日	第 22 版
251	蒋建科：《让中国核电照亮世界》	2016 年 1 月 3 日	第 2 版
252	国纪平：《构建人类"核安全"命运共同体——写在习近平主席出席第四届核安全峰会之际》	2016 年 3 月 31 日	第 1、2 版
253	孙广勇、黄发红、倪涛等：《当世界聆听中国核安全观》	2016 年 4 月 1 日	第 6 版
254	郝薇薇、霍小光、徐剑梅：《"我们的新征程才刚刚开始"——记习近平主席出席第四届核安全峰会》	2016 年 4 月 3 日	第 3 版
255	章念生、张朋辉、陈丽丹等：《中国智慧 大国担当——美国各界积极评价习近平主席华盛顿之行》	2016 年 4 月 4 日	第 3 版
256	李刚：《核电出海，中国制造新名片》	2017 年 4 月 5 日	第 10 版
257	李刚：《中广核拓宽"能源一带一路"》	2017 年 5 月 17 日	第 14 版
258	黄培昭：《中国核电技术向发达国家市场迈进》	2017 年 9 月 22 日	第 3 版

图书在版编目（CIP）数据

核能话语变迁：科技、媒介与国家 / 徐生权著 .
北京：社会科学文献出版社，2024.7. --ISBN 978-7
-5228-3948-6

Ⅰ. TL-49

中国国家版本馆 CIP 数据核字第 20240N48E6 号

核能话语变迁：科技、媒介与国家

著　　者 / 徐生权

出 版 人 / 冀祥德
组稿编辑 / 周　琼
责任编辑 / 朱　月
责任印制 / 王京美

出　　版 / 社会科学文献出版社 （010）59367126
　　　　　地址：北京市北三环中路甲 29 号院华龙大厦　邮编：100029
　　　　　网址：www. ssap. com. cn
发　　行 / 社会科学文献出版社 （010）59367028
印　　装 / 三河市龙林印务有限公司

规　　格 / 开　本：787mm×1092mm　1/16
　　　　　印　张：13　字　数：207 千字
版　　次 / 2024 年 7 月第 1 版　2024 年 7 月第 1 次印刷
书　　号 / ISBN 978-7-5228-3948-6
定　　价 / 89.00 元

读者服务电话：4008918866